宇宙工学シリーズ　6

気 球 工 学
——成層圏および惑星大気に——
浮かぶ科学気球の技術

工学博士　矢島　信之
工学博士　井筒　直樹　共著
博士（理学）　今村　剛
　　　　　阿部　豊雄

コロナ社

宇宙工学シリーズ　編集委員会

編集委員長　髙野　　忠（宇宙航空研究開発機構教授）
編 集 委 員　狼　　嘉彰（慶應義塾大学教授）
（五十音順）　木田　　隆（電気通信大学教授）
　　　　　　　柴藤　羊二（宇宙航空研究開発機構技術参与）

（所属は編集当時のものによる）

口絵1　宇宙科学研究所三陸大気球観測所における放球風景（気球にガスを注入している様子。地上に横たわる赤いフィルムで保護された部分も気球本体）

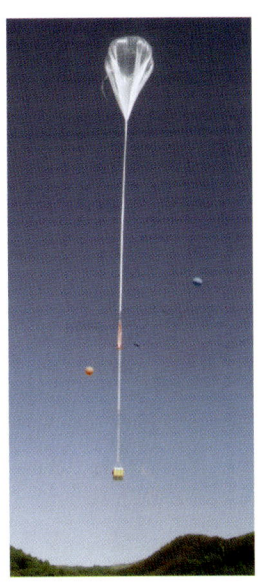

口絵2　上昇を始めた気球

口絵3　気球の放球風景（場所：カナダマニトバ州リンレーク，放球：NASA/NSBF）（提供：高エネルギー加速器研究機構）

口絵 4　南極昭和基地での気球打ち上げ（1998 年）
　　　（提供：東北大学大気海洋変動観測研究センター）

口絵 5　3 次元ゴア設計法に基づくスーパープレッシャー気球
　　　の室内膨張試験

（a） 三陸大気球観測所
　　（提供：宇宙科学研究所）

（b） 米国　NSBF
　　（提供：NASA/NSBF）

（c） フランス　Aire-sur-l'Adour
　　基地（提供：CNES）

（d） スウェーデン　Kiruna
　　（提供：ESRANGE, SSC）

（e） インド　ハイデラバード（提供：TATA
　　Institute of Fundamental Research）

口絵6　各国の放球場

口絵7 気球高度からの自由落下による高速飛翔実験（提供：航空宇宙技術研究所）

口絵8 高層気象台（つくば）におけるレーウィンゾンデの飛揚風景（庁舎屋上のドーム内に方向探知機が設置されており，レーウィンゾンデを自動追跡して信号を受信する）

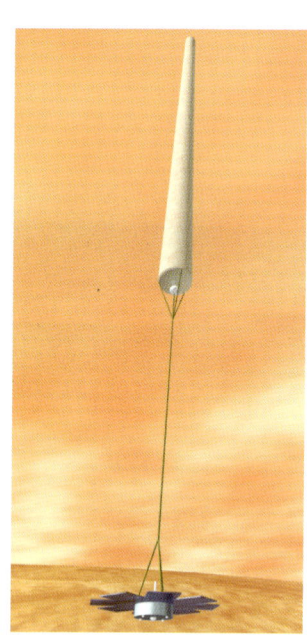

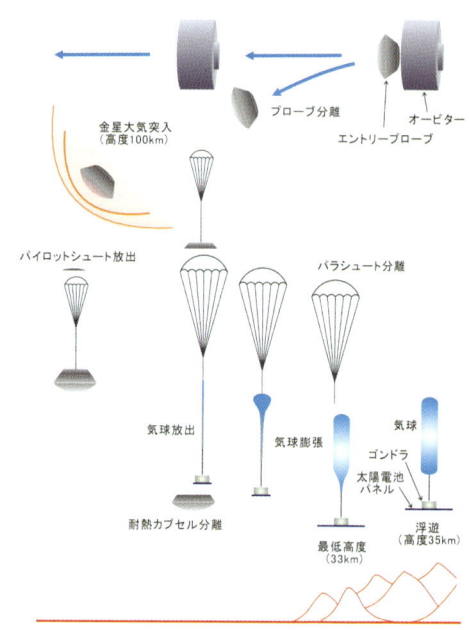

（a）想像図　　　　　　　　（b）投入シーケンス

口絵9 円筒型低高度金星気球

刊行のことば

　宇宙時代といわれてから久しい。ツィオルコフスキーやゴダードのロケットから始まり，最初の人工衛星スプートニクからでも40年以上の年が経っている。現在では年に約100基の人工衛星用大形ロケットが打ち上げられ，軌道上には1600個の衛星が種々のミッション（目的）のために飛び回っている。

　運搬手段（ロケット）が実用になって最初に行われたのは宇宙研究であるが，その後衛星通信やリモートセンシングなどの宇宙ビジネスが現れた。当初は最小限の設備を宇宙まで運ぶのがやっとという状態であったが，現在では人工衛星の大形化が進められ，あるいは小形機が頻繁に打ち上げられるようになった。またスペースシャトルや宇宙基地により，有人長期ミッションが可能になっている。さらに最近では，国際協力のもとに宇宙基地建設が進められるとともに，宇宙旅行や他天体の資源開発が現実の話題に上りつつある。これを可能にするためには，新しい再使用型の宇宙輸送機が必要である。またそれとともに宇宙に関する法律や保険の整備も必要となり，にわかに宇宙関係の活動領域が広まってくる。本当の宇宙時代は，これから始まるのかもしれない。

　このような宇宙活動を可能にするためには，宇宙システムを作らなければならない。宇宙システムは「システムの中のシステム」といえるくらい，複雑かつ最適化が厳しく追求される。実に多くの基本技術から成り立ち，それを遂行するチームは，航空宇宙工学，電子工学，材料工学などの出身者が集まって構成される。特にミッション計画者や衛星設計者は，これらの基本技術のすべてに見識をもっている必要があるといっても過言ではない。また宇宙活動の技術分野からいえば，ロケット，人工衛星，宇宙基地あるいは宇宙計測・航法のような基盤技術と，衛星通信やリモートセンシング，無重力利用などのような応用分野とに分けることもできる。この宇宙システムを利用するためにも，幅広

い知識・技術が必要となる。

　本「宇宙工学シリーズ」は，このような幅広い宇宙の基本技術を各分冊に分けて網羅しようというものである。しかも各分野の最前線で活躍している専門家により，執筆されている。これまでわが国では，個々の技術書・解説書は多く書かれているが，このように技術・理論の観点から宇宙工学全体を記述する企画はいまだない。さらに言えば世界的にも前例がほとんど見当たらない。

　これから，ロケットや人工衛星を作って宇宙に飛ばしたい人，それらを使って通信やリモートセンシングなどを行いたい人，宇宙そのものを研究したい人，あるいは宇宙に行きたい人など，おのおのの立場で各分冊を見ていただきたい。そして，そのような意欲的な学生や専門技術者，システム設計者の方々の役に立つことを願っている。

2000年7月

編集委員長　髙野　忠

まえがき

　本書の対象となる気球は，地球上の成層圏に数百 kg～数トンに及ぶペイロードを運び，科学観測や宇宙技術開発に用いる成層圏気球，および高層気象観測に用いる気球である。それらの飛翔高度はジェット旅客機の飛行高度の 3 倍以上に達し，大気密度は地上の 1 % 以下となる。さらに，惑星探査の一環として，火星や金星など地球以外の大気のある惑星に浮遊させる惑星気球も含める。これらは科学気球と総称される。

　成層圏気球を用いた各種の観測や実験は，飛翔する場は完全な宇宙空間ではないものの，ロケットや衛星によるものと同一の宇宙科学技術の分野に位置付けられている。宇宙空間を探査機で運ばれる惑星気球はいうまでもない。こうした科学気球の研究，開発，打ち上げ，運用を担う組織も，多くはそれぞれの国の宇宙研究開発機関および気象観測機関に所属している。

　成層圏気球は，希薄大気中に浮かぶ容積が数万～百万 m^3 に及ぶ巨大な圧力のかかった膜構造体である。その運動は，流体力学的にも熱力学的にも複雑な関係に支配される。惑星気球には，地球とは異なる大気の諸条件がさらに加わる。したがって，気球を作り飛ばすには，系統的な工学的解析と設計が前提となる。飛翔する大気の気象学的知識も不可欠である。飛翔時の安全性と信頼性もそのような基礎の上に確保される。本書は，そうした科学気球の工学的側面を体系的にまとめることを意図している。

　本書の構成は，まず 1 章で，冒険物語のような初期の有人気球の段階を経て，技術的に一線を画す 1940 年代以降の近代的科学気球に至る経緯を概括し，その特質を述べる。2 章では，成層圏気球と惑星気球に共通する基礎である，気球の形状設計問題，気球の方式，飛翔時の運動特性について詳しく記す。3 章では，成層圏を飛ぶ気球の詳細として，まず気球が飛ぶ地球大気の構成と運

動の概要を解説し，どのように気球を放球し飛翔を制御するかを述べる。また，気球の皮膜材料および製造過程にも言及する。4章では，惑星気球について各惑星の大気の特徴，実施例，研究が進む各種の気球方式と科学観測の可能性について述べる。さらに，5章では科学気球の将来展望を記す。

　本書の執筆は，矢島と井筒が成層圏気球の工学的側面全体，今村が地球大気，阿部がゴム気球を用いた高層気象観測をそれぞれ担当した。また，惑星気球については，井筒が工学的側面全般および個々の気球技術，今村が惑星大気および科学観測を執筆した。そして，矢島が全体の調整を図った。

　今日の形をとる成層圏気球は，宇宙開発の揺籃期(ようらん)には，観測，実験の両面にわたって活躍した。そして，現在でもその活動は続き，存在意義はけっして失われてはいない。惑星気球も金星に浮遊した一例がある。それにもかかわらず，科学気球の技術を系統的に述べた著作は知る限りない。著者らは，本書がこうした分野への関心と理解を深め，科学気球がさらに発展することにいささかでも寄与できればと願うものである。

　本書「気球工学」を「宇宙工学シリーズ」の中の1冊としていただき，内容について有意義な示唆を頂いた編集委員会に深く感謝する。成層圏で宇宙観測を行う際の残存大気の影響について，貴重な助言を受けた宇宙科学研究所[†]の中川貴雄教授にお礼を申し上げる。そのほか，本書を完成させるうえでご協力を得た多くの方々に心より感謝する。また，企画から出版まで大変お世話になったコロナ社の方々にお礼を申し上げる。

2003年12月

著　　者

[†] 宇宙科学研究所，航空宇宙技術研究所，宇宙開発事業団は，2003年10月に統合し宇宙航空研究開発機構となったが，本書ではそれぞれ統合前の名称(執筆時点)を使用した。

目　　　次

1．序　　論

1.1　気球の歴史 ……………………………………………………………… *1*
1.2　気球の概要 ……………………………………………………………… *9*
1.3　科学気球の特徴 ………………………………………………………… *12*

2．気球の工学的基礎

2.1　浮力の原理と気球の飛翔高度 ………………………………………… *14*
2.2　気球の形状 ……………………………………………………………… *18*
　2.2.1　問題の経緯と概要 ………………………………………………… *18*
　2.2.2　自然型気球の概念 ………………………………………………… *22*
　2.2.3　ロードテープ付き気球への設計概念の拡張 ………………… *32*
2.3　気球の方式 ……………………………………………………………… *42*
　2.3.1　ゼロプレッシャー気球 …………………………………………… *42*
　2.3.2　スーパープレッシャー気球 ……………………………………… *46*
　2.3.3　特殊気球 …………………………………………………………… *49*
2.4　気球の運動 ……………………………………………………………… *51*
　2.4.1　気球の飛翔モデル ………………………………………………… *53*
　2.4.2　気球の上下運動 …………………………………………………… *57*
　2.4.3　気球の水平運動 …………………………………………………… *64*
　2.4.4　気球の熱バランス ………………………………………………… *66*

3. 成層圏気球

- 3.1 地球の大気 ……………………………………………… *75*
  - 3.1.1 大気の組成 ……………………………………… *75*
  - 3.1.2 鉛直構造 …………………………………………… *76*
  - 3.1.3 静水圧平衡 ………………………………………… *78*
  - 3.1.4 気温の緯度高度分布 ……………………………… *80*
  - 3.1.5 東西風の緯度高度分布 …………………………… *81*
  - 3.1.6 大気中の波動 ……………………………………… *84*
- 3.2 気球のシステム構成 ……………………………………… *87*
  - 3.2.1 気球の構成 ………………………………………… *87*
  - 3.2.2 つり下げシステム ………………………………… *91*
  - 3.2.3 基本搭載機器 ……………………………………… *96*
  - 3.2.4 オプション機器 …………………………………… *98*
  - 3.2.5 環境対策と事前試験 ……………………………… *100*
- 3.3 地上設備 ……………………………………………………… *100*
  - 3.3.1 放球場 ……………………………………………… *100*
  - 3.3.2 通信設備 …………………………………………… *102*
  - 3.3.3 その他 ……………………………………………… *106*
- 3.4 放球と飛翔 ………………………………………………… *106*
  - 3.4.1 気象情報の収集と利用 …………………………… *106*
  - 3.4.2 浮揚ガスの注入と放球 …………………………… *112*
  - 3.4.3 飛翔の制御 ………………………………………… *119*
  - 3.4.4 飛翔管制 …………………………………………… *122*
  - 3.4.5 飛翔の終了と回収 ………………………………… *126*
  - 3.4.6 長時間飛翔技術 …………………………………… *127*
  - 3.4.7 飛翔安全・保安 …………………………………… *131*

3.5 気球の製作 ……………………………………………… *133*
　3.5.1 皮膜材料 ……………………………………………… *133*
　3.5.2 設　　　計 ……………………………………………… *137*
　3.5.3 製造工程 ……………………………………………… *138*
　3.5.4 構造強度 ……………………………………………… *142*
　3.5.5 品質管理 ……………………………………………… *145*
3.6 高層気象観測で使用するゴム気球 ……………… *147*
　3.6.1 気象観測用ゴム気球 ………………………… *147*
　3.6.2 ゴム気球の上昇速度 ………………………… *150*
　3.6.3 ゴム気球の到達高度 ………………………… *151*
3.7 気球の利用 ……………………………………………… *152*
　3.7.1 科学観測 ……………………………………………… *152*
　3.7.2 工学実験 ……………………………………………… *157*
　3.7.3 定常気象観測 ………………………………… *160*

4. 惑星気球

4.1 惑星の大気 …………………………………………… *167*
　4.1.1 地球型惑星の大気 …………………………… *167*
　4.1.2 木星型惑星の大気 …………………………… *170*
4.2 惑星気球の背景 ……………………………………… *171*
　4.2.1 惑星気球の特徴 ……………………………… *171*
　4.2.2 惑星気球の歴史 ……………………………… *172*
　4.2.3 惑星気球の特殊性 …………………………… *172*
4.3 惑星気球の事例 ……………………………………… *173*
　4.3.1 金星気球 ……………………………………………… *173*
　4.3.2 火星気球 ……………………………………………… *181*
　4.3.3 その他の気球 ………………………………… *183*

4.4 惑星気球による科学観測 …………………………………………… *184*

5. 気 球 の 将 来

5.1 気球技術の将来動向 ………………………………………………… *186*
5.2 気球利用の将来動向 ………………………………………………… *188*
5.3 気球技術の他分野への波及 ………………………………………… *190*

付　　　　　録 ………………………………………………………… *193*
略　語　集 ……………………………………………………………… *196*
引用・参考文献 ………………………………………………………… *198*
索　　　　　引 ………………………………………………………… *205*

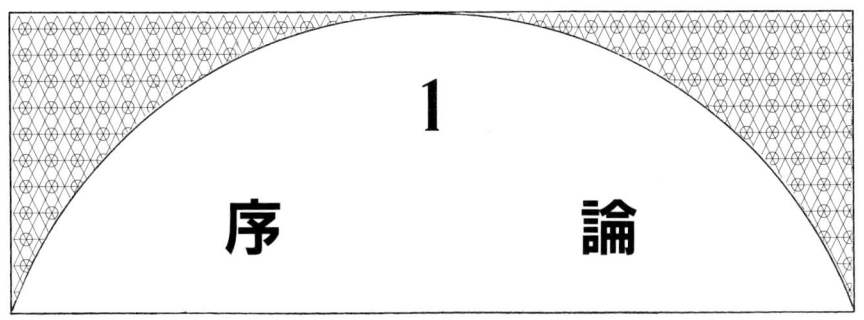

1

序　論

1.1　気球の歴史

　気球を手中にすることにより，人類は初めて地上を離れ，大気中の高い高度まで自由に飛翔できるようになった．ここでは，気球の登場から科学観測のために活用されるに至る発達の歴史を概括する．気球全般の通史に関しては，多少古いものもあるが文献を参照されたい[1]〜[4]†．

　〔1〕**気球の出現**　1783年6月5日にフランスのモンゴルフィエ兄弟（J. M. & J.É Montgolfier）が南仏のアノネーで公開実験に成功した無人の大型熱気球が人類最初の気球とされている．気球の容積は 700 m³ で到達高度はおおよそ 2 000 m であったとのことで，本格的なものである（**図 1.1**）．

　兄弟は紙問屋の家に生まれたが，科学への関心は高く，科学関係の本もよく読んでいたと伝えられている．そうした基礎があったためか，熱気球を着想してからは，小型モデルから順次大型化を試みるなど，系統的に研究を進めている．それから120年後に飛行機の初飛行に成功したライト兄弟も，風洞実験により翼の設計を行うなど，科学的な手順を踏んだものであったことと符合することも興味深い．アノネーでの成功に続いて，9月19日にはパリでルイ16世をはじめ多数の見物人の前で小動物を乗せた飛行を成功させ，11月21日には，2人の人間が乗った有人飛翔まで実現している．その手順は，170年後に人類を宇宙空間に送る準備過程で，最初に猿や犬を乗せた飛行を行った経緯と

---

†　肩付き数字は，巻末の引用・参考文献の番号を表す．

図 1.1 モンゴルフィエ兄弟による本格的熱気球の世界初の公開飛翔（1783年6月5日）（提供：市吉三郎氏）

図 1.2 シャルルの水素ガス気球の初有人飛翔（1783年12月1日）（提供：市吉三郎氏）

酷似している。

　浮力の原理自体は紀元前にわかっており，火を燃やせば熱せられた空気が上昇していくことも，人類が火を手中にして以来，たえず日常生活の中で観察された現象である．しかし，その月並みな現象から，人が乗ることのできる気球を着想し，実際に作って飛ばす人間が現れるには，産業革命に沸く当時のヨーロッパ社会の大きな流れが必要であったようだ．

　水素を浮力媒体とするガス気球は，フランス科学院に所属する科学者シャルル（J. A. César Charles）により 1783 年 8 月 27 日にパリで初めての飛翔に成功している．モンゴルフィエ兄弟に遅れること 3 箇月弱にすぎない．その後，12 月 1 日には熱気球と同様に有人飛翔にも成功している（図 1.2）．

　水素はすでに 1766 年に英国のキャベンディッシュ（H. Cavendish）により発見されており，空気より軽い気体であることもわかっていた．モンゴルフィエ兄弟もこのガスで気球を作ることも考えたが，水素を密封する気球皮膜の製作は熱気球のそれよりやっかいであったのであきらめたともいわれる．シャル

ルは，絹と紙で球皮を作り，ゴムを塗って気密性の問題を解決した。

モンゴルフィエの熱気球は底部が開いた開放型気球であるのに対し，シャルルの試みた気球はガスを詰めて閉じた気球である。そのため，そのままでは高度が上がるとともに皮膜に加わる圧力が増大して割れてしまう構造であったので，第一回目の飛翔は期待したより短時間に終わった。そこで，有人飛行にあたっては，排気バルブを付け，圧力上昇を防ぐ手だてとした。シャルルのガス気球はこうした現在の気球にも通じる技術，すなわち皮膜の気密性と強度の確保および圧力との戦いに本格的に取り組んでいたことになる。このように，短い開発期間のなかで，必要な技術に系統的に取り組んでいたこともまた驚きである。

〔2〕 **初期の科学観測への利用** 気球は，飛翔が実証されるや否やただちに大流行となり，有人気球による見世物的な興行や冒険，さらには大洋横断などの遠距離飛翔競争に多くの関心と努力が注がれた。明治22年（1890年）には，日本でもイギリス人の飛行家が気球からパラシュートで降下する実演を大々的に行っている。

他方で，そうした傾向を横目に，この飛翔手段は科学観測にこそ有効に利用できると考える人たちが存在した。まずは，できるだけ高く昇り，地球大気はどのようなものであるかを知ろうと試みた。気球の初飛翔からわずか21年後の1804年8月24日，フランスの科学者ゲイ・リュサク（J.L.Gay-Lussac）は，気圧計，温度計，湿度計を積み，8 000 m近くまで昇ったとされている。

1862年には，イギリスの科学者グレイシャー（J.Glaisher）が高度10 kmに到達している。これらの有人飛翔は，高高度に対するなんの防護もなしに行っている。1時間足らずでエベレストよりはるか高くまで昇るので，命を落とす人も出るほどで，無謀な冒険飛行と紙一重の実験であった。当時の人たちの未知のものへの探求心の強さを示すエピソードでもある。こうして積み上げられた実績により，19世紀末には気球の科学観測への有効性は英国王立協会に属する『Society of Arts』でも取り上げられている[5]。

本格的な宇宙物理学研究の端緒とされる実験は，1912年にオーストリアの

V.ヘス（V.F.Hess）により行われた宇宙線の観測である。彼は，簡単な電離箱を持って5 000 mまで上昇し，宇宙線の量と高度の関係を測定した。宇宙線という名は，この観測により宇宙空間から放射線が飛来していることを証明したとして命名された。彼は，この業績で1936年にノーベル賞を受賞している。この実験は，高高度まで昇れば，大気層に妨げられない真の宇宙を観測できることを示したということからも意義深い。

地球大気の研究にとって画期的であった成層圏の発見は，1931年ベルギーのピカール（A.Piccard）の飛翔によるとされている。そのときの到達高度は15.8 kmであった。この飛翔はさすがに初期のような無謀なものではなく，アルミ製の球形の気密キャビンを用いた[6]。

一方，注目すべきこととして，1938年には米国のUpsonが，のちに自然型気球と呼ばれることになる，気球の形状設計の基本となる考え方を提起している。このように，この段階では，気球はすでに次項に述べる近代的科学気球の入り口に到達していることがわかる。

〔3〕 近代的科学気球の時代

（1） 近代的科学気球の始まり　　今日の科学気球は，形状設計概念，形式，気球の皮膜材料およびその接着法と高強度繊維による補強法の導入という新しい技術に立脚しており，それまでの気球技術と一線を画している。こうした新しい技術体系に基づく気球を近代的科学気球として区分する。

最も大きな技術的要因は，1930年代初めにイギリスの化学会社，インペリアル・ケミカル・インダストリが開発した低密度ポリエチレンフィルムである。薄く，軽く，強靱で伸び特性もよいこのフィルムを使用することで，気球の自重の大幅な軽量化が実現し，高度30 km以上の高高度まで容易に到達できるようになった。もっとも，高度12 km付近の対流圏界面を通過する際の大気温度は$-70\,°C$もの低温である。この低温環境でも柔軟性を失わないフィルムの開発が初期の重要な課題であった[7]。

1940年代には，米国海軍とミネソタ大学などを中心に組織的研究が進められ，ほぼ現在の原型となる気球が実用に供されるようになった。気球フィルム

ばかりでなく，フィルムへの圧力増加を防ぐ排気孔を備えたゼロプレッシャー気球方式やロードテープによる補強法といった主要技術もこの間に開発されている．同時に進行したエレクトロニクスの進歩は，気球に搭載可能な小型・軽量で信頼性が高く，かつ遠距離まで通信可能な無線通信機を実現させた．その結果，大型の気球を無人で長時間飛翔させることが可能になった．

　この新しい気球を用いた科学観測の利用に最も熱心なグループの一つが宇宙物理，とりわけ宇宙線観測の研究者たちであった．すでに，前述のように，初期の時代からヘス，ピカールらは有人飛翔でこの宇宙から飛来する粒子線の観測を始めていた．宇宙線は，大気によって減衰することも知られていたので，できるだけ高い高度で観測することが望まれた．

　観測手段としては，1950年代初めよりエマルジョンチェンバーという装置が考案されていた．これは，表面に感光乳剤が塗られた大判の写真乾板のようなものと金属板を組み合わせたもので，露出後に現像すると宇宙線が通過した痕跡を残す．このフィルムを回収して痕跡を調べることにより，通過した宇宙線の種類やエネルギーレベルなど多くの情報が得られる．この手段を用いれば，当時のデータ伝送能力の小さいテレメータ技術の制約を受けずに多量の観測データの取得が可能である．飛翔時間が長いほど，フィルム上には多くの情報が記録される．無人気球で観測ができるので，軽量で大型の気球の開発機運が急速に高まった．初期の段階では，宇宙線観測者自身が気球を開発するということも行われたが，米国などでは上記の組織的な技術開発努力と観測者側の要求とが相乗作用となり，1960年には，容積300 000 m^{3}の気球に1.8トンのペイロードを搭載し，高度30 kmに到達させている．

　エレクトロニクス技術の発展は，通信技術ばかりでなく制御技術の導入を可能とし，高度な観測技術を必要とする分野でも大型気球の利用が本格化する．例えば，天文観測の分野では，1950年代後半には，スミソニアン天文台などが中心となって太陽活動の精密な撮像を目的とした口径30 cmの太陽望遠鏡，Stratoscope I，が打ち上げられ，大気の擾乱に妨げられない微細な表面構造のクローズアップ撮像に成功している．また，ジョンズ・ホプキンス大学も

同様の観測器を打ち上げている。これらの成功をもとに1960年代初めには精密な追尾制御を導入した口径0.9m，総重量3.6トンもの大型天体望遠鏡Stratoscope IIが開発されている[8]（図1.3）。その発想と，望遠鏡のデザインは，今日の軌道上大型汎用望遠鏡衛星，ハッブル宇宙望遠鏡（Hubble Space Telescope），の原型を想起させる。

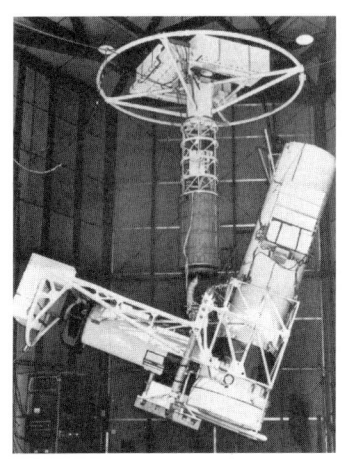

図1.3 気球搭載大型天体望遠鏡 Stratoscope II（提供：Harvard Smithonian Center for Astrophysics）

また，観測ロケットの飛翔能力を補うために，小型ロケットを気球に搭載し，高空から発射するロックーン（rockoon）実験や，宇宙有人飛翔のための予備実験として，宇宙服を着用したパイロットを成層圏まで上げる実験に気球を利用している[9]。

（2） 組織的な推進体制の確立　　上記のような気球を用いた科学観測や工学実験の目覚ましい進展に対応して，科学気球の研究，開発および飛翔の実施を組織的に行うため，組織上の整備もあわせて進められた。

米国では，1962年に大型気球用の基地として，コロラド州のボルダーに国立科学気球施設（National Scientific Balloon Facility：NSBF）が，国立科学基金（National Science Foundation：NSF）により設立され，大気・気象関係の総合的研究機関である国立大気研究所（National Center for Atmospheric Research：NCAR）が運営にあたった。NCAR内には，気球技術を

開発する部門も設けられ，1940年代以後の研究成果を引き継ぎ，組織的研究開発を開始した．

1963年には，放球基地は気球の飛翔条件に適した広い牧場地帯であるテキサス州の中央部のパレスタインに移り，1973年には，大規模な恒久的放球場が完成している（口絵6(b)参照）．1982年には，所属がNASAに移り，施設のマネジメントはニューメキシコ州立大学に代わり今日に至っている．NASA内には，ゴダード宇宙センターのワロップス飛行施設（Wallops Flight Facility：WFF）に気球研究部門が設置され，自身で研究を進めるとともに，大学や研究機関などへの委託研究の運営にあたっている．

フランスもほぼ同時期に本格的科学気球の実験体制を構築している．1963年にフランス国立航空宇宙センター（Centre National d'Études Spatiales：CNES）傘下の施設として南仏のAire-sur-l'Adourに本格的気球基地が作られている（口絵6(c)参照）．同時に，ツールーズにあるCNESの研究所の中に気球部門が設立されている．1966年にはアルプスの麓にGap-Tallard気球基地も開設された．以後フランスの科学気球はヨーロッパの科学気球としての役割を担い，米国と並んで活発な活動を続けている．

インドにおいても，1959年にデカン高原の南部の都市ハイデラバードにあるオスマニア大学で初めてポリエチレン気球の放球に成功し，1969年には，タタ基礎科学研究所（TATA Institute of Fundamental Research：TIFR）の傘下に恒久的気球基地が同市郊外に開設されている（口絵6(e)参照）．以後，インドにおける研究に用いられるだけでなく，赤道に近い場所にあるため，そうした地理的条件を必要とする観測のために，世界の科学者からも活用されている．

地理的条件としては，南半球での気球実験も有用である．例えば，北半球とは異なった天空の領域，特に銀河系の中心が観測可能となる．ブラジルでは，1960年代から気球観測が試みられ，本格的科学気球は，1980年代末より宇宙開発機関であるブラジル国立宇宙研究所（Instituto Nacional de Pesquisas Espaciais：INPE）を中心に進められている．オーストラリアには，大陸中

央部の都市アリススプリングス郊外の空港に隣接して大型気球を放球可能な施設がある。1980年以降，ニューサウスウェルズ大学の管理の下に，オーストラリアばかりでなくNASAをはじめ国際的に利用されている。

そのほか，中国では，1979年に中国科学院に所属する高能物理研究所の宇宙線部門の中に気球部門が設けられ，大気科学研究所と協力して科学気球を推進している。

〔4〕 **わが国の経緯**　ポリエチレン気球を用いた宇宙線観測は，1950年代中ごろより，神戸大学，立教大学，大阪市立大学などの宇宙線研究者を中心に始められた。第1回の飛翔は，1954年に，神戸大学の研究者らにより自身で開発した気球を用いて行われた。続いて，1956年からは，東京大学原子核研究所が中心になり，気球の体系的研究と放球実験が進められた[10]。また，1956～1961年には，東京大学生産技術研究所が中心となって，気球からロケットを打ち上げるロックーン実験も行われた[11]。

1964年に，それまでの科学観測ロケット研究を発展させる母体として東京大学の付置研究所として宇宙航空研究所が発足した。2年後に，同研究所に科学気球を研究・実施するため気球工学部門が設けられた。以後，茨城県の大洋村，福島県の原ノ町の仮設実験場を経て，1971年岩手県の三陸町に恒久的気球基地が開設され今日に至っている[12]（**口絵1**および**口絵6(a)**参照）。また，国立極地研究所に協力し，南極観測事業の一環として昭和基地での科学気球の放球も実施している（**口絵4**参照）。

〔5〕 **惑星気球**　地球以外の大気のある惑星に浮かぶ気球，惑星気球（planetary balloon），の研究が気球関係の学会の場で発表され始めたのは，1957年に世界初の人工衛星が打ち上げられてから間もない，宇宙開発の初期の段階からである。1963年には，気球製造会社Raven社の技術レポートで，火星，金星気球の検討がされている。1964年に米国で開催された科学気球のシンポジウムでは，火星気球の論文が3篇発表されている[13]～[15]。また，1967年には，NASAが金星気球の可能性に関する詳しい調査報告を行っている[16]。

しかし，実際の浮遊はかなり遅れ，1985年の旧ソ連とフランスの共同プロ

ジェクトである VEGA 1 号，2 号であった．その後，実現に移されたプロジェクトはないが，多くの研究，提案は続いている．

宇宙科学研究所でも 1980 年代後半より，皮膜を用いた膨張型の金星気球[17]，金属球の金星気球等の提案がなされ[18]，基礎研究が続けられてきた．

1.2 気球の概要

〔1〕 **成層圏気球** 成層圏まで昇り科学観測や実験に用いられる気球は，成層圏気球（stratospheric balloon），科学気球（scientific balloon），大気球などと呼ばれる．航空法上の規定では，無人自由気球（unmanned free balloon）の範疇に入る．

図 1.4 に飛翔中の科学気球を示す．本体は気嚢（envelope）と呼ばれる薄いポリエチレンフィルムで作られた袋である．気嚢は，長いロールフィルムから切り出された紡錘型をした構成単位を縦に接合して作られる．この構成単位をゴア（gore）と呼ぶ．接合線に沿ってロードテープ（load tape）と呼ばれる補強用の高張力繊維が一定間隔で頭部から底部に挿入されている．

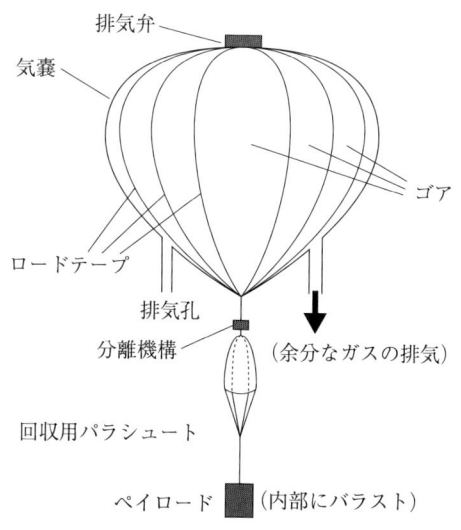

図 1.4 飛翔中の気球の代表的構成

気囊には，空気より軽い水素，あるいはヘリウムガスを詰める。このガスを浮力ガス（buoyant gas）または浮揚ガス（lifting gas）という。地上での浮力は約 12 N/m³ である。口絵 1 の写真は地上でガスを注入しているところである。地上では，ガスは気囊の頭部に入っているだけであり，残りの気囊は未膨張状態である。上昇のために与える浮力を自由浮力（free lift）と呼ぶ。口絵 2 は頭部にのみガスが詰まった状態で上昇を開始した気球の姿である。途中に挿入されているオレンジと白のまだら模様がパラシュートであり，そのすぐ上まで気球の本体が続いている。

上昇するとともに大気圧は減少するので，気囊の中のガスは膨張する。気囊は，伸びによる膨張を前提としないので，あらかじめ製作した最大容積まで膨張して，最高高度（ceiling altitude）に達し，以後水平浮遊（level flight）に入る。最大容積まで膨張したあとに，上昇力分の浮揚ガスを溢れ出させる排気孔を備えた気球をゼロプレッシャー気球（zero-pressure balloon）と呼び，排気孔がなく外気との圧力差が増大して上昇力を押さえ込む気球をスーパープレッシャー気球（super-pressure balloon）と呼ぶ。科学気球が到達する高度は，通常は高度 30 km 以上の成層圏であり，大気密度は地上の 1/100 以下となる。

気球頭部には，気囊内の浮揚ガスの排出を制御する排気弁（exhaust valve）が装着されている。また，観測，実験を行うために，気球の底部からは回収用のパラシュート（parachute）とペイロード（payload）がつり下げられている。ペイロードは，大型のものは重量が 1 トンを超えるものもある。ペイロードには，実験目的の機器以外に共通機器として，地上基地との通信のための機器（テレメータ，コマンド装置），航空管制のための機器，浮力とのバランスを制御するためのバラスト（ballast）および電源用電池なども搭載されている。気球が飛翔している間，この搭載装置から出力されるデータは，テレメータで地上基地に伝送される。また，地上から操作用のコマンド信号を送り，ペイロード内の受信機で受信，解読して指令を実行する。

外側に断熱保護などを施され気球につり下げられる状態に仕上げられたペイロードを，古くからの気球用語であるゴンドラ（gondola）と呼ぶこともある。

1.2 気球の概要

気球は，基本的に浮遊している大気の動きと一体になって，すなわち風に流されて受動的に浮遊する．このため，放球する前には，気象条件を詳しく把握しておく必要がある．気球の飛翔が終了すると，分離機構を働かせペイロードをパラシュートで地上（海上）に降下させ，回収する．

〔2〕 **ゴム気球** ゴム気球の原材料である天然ゴム皮膜は，ほかの化学合成物質には例がないほどの優れた伸び特性を示し，1軸の伸びでは500％以上にもなる．この特性は，ゴムはイソプレンが鎖状に長く連なった高分子であること，しかも，その鎖状の長い分子は，外力が加わらないときには，無数の曲がりをもっていて，硬く固まることなくゆるい毛玉のような状態にあることに由来する．ゴムに外部から力を加えると，この毛玉が伸ばされ，そろって長く鎖状に伸びた状態となり，力を除くと元に戻る．内部結晶の変形が伸縮の基となる金属との大きな相違である．

ゴムに硫黄を加える（加硫）と，長い鎖の隣どうしに硫黄による掛け橋ができ，弾性変形特性が向上する．特に2軸方向に均等な伸び特性が生まれる．ゴム気球は，この特性を利用したものであって，取り扱いが容易でコストも低いのが利点である．

ゴム気球は，地上で若干膨張するまでガスが注入され，ほぼ球形の状態で上昇を開始する．気球が成層圏の高度 30 km まで到達すると，大気圧は地上の 1/100 となるので，ゴム皮膜の表面積はその 2/3 乗の 22 倍も伸びることになる．気球は伸びの限界で破裂し飛翔を終了する．3.6 節で詳しく述べるが，その製造方法からもあまり大型のものは作れず，つるす機器も 10 kg 程度が限界である．

ゴム気球は，すでに 1920 年代には実用化され，今日に至るまで基本的な変化なしに用いられている．放球時の取り扱いが容易なこともあり，地球規模で多地点において同時に実施される定常気象観測にとって，ゴム気球は不可欠の存在である．

〔3〕 **惑星気球** 惑星気球は，地球上の気球と異なり，探査機によって宇宙空間を運ばれ，目的とする惑星大気の中に投入される．浮揚ガスによる膨

張，浮遊は完全に自動化したシステムで行われる．気球の形式も浮遊する惑星の大気の特性，浮遊高度，気球の規模や機能によってさまざまな工夫がなされる．

1.3 科学気球の特徴

　科学気球を利用して科学観測や宇宙実験を行う利点を，ロケットや衛星を用いて行う場合と比較すると，以下のようにまとめることができる．

　（1）**低いコスト**　　気球実験に必要な費用は，気球本体および搭載する科学観測機器を除いた共通機器の費用で比べると，小型観測ロケットより1けた以上，大型ロケットや小型衛星より2けた以上，大型衛星となれば3けた以上安価である．打ち上げ基地も格段に簡単な施設であるため，維持，運用費も大幅に低い．

　（2）**大型・大重量ペイロードの搭載能力**　　30 km以上の成層圏まで上昇することを前提にしても，気球が運搬可能な重量は1トンを上回る．さらに実験装置の外形は，ロケットの先端に組み込まれる衛星の場合と異なり自由度が大きい．放球装置の能力にもよるが，一辺が5 m以上でも放球可能である．そのような大型の装置を折り畳まずに宇宙に輸送できる手段は，現段階ではスペースシャトルのみである．

　（3）**ペイロードの回収，再利用**　　気球に搭載した観測器や実験装置は，パラシュートで地上に戻し回収できるので，同一の装置を何回も使え，コストの面で有利である．同一の装置により均質のデータを得たい場合や，改良してより望ましい観測や実験を行う場合に有利である．また，観測データが多量で，飛翔中にそのすべてを伝送できない場合には，大容量のデータレコーダを搭載し，観測器の回収後に読み出すという方法も可能である．

　（4）**短い準備期間**　　気球の放球時の機械的衝撃や飛翔中の周囲環境条件は，観測ロケット，衛星のような厳しさはない．このため，計画してから短期間で実験準備が整う．場合によっては，大学や研究所の試作部門や研究者自身

の手作りで装置を完成させることができる．

（5） **放球場所の選択可能性が大きい**　放球設備が大掛かりでないため，標準的な中緯度域ばかりでなく，地理上および地磁気上の南北極域や赤道域などから気球を放球することができる．観測目的の物理的要求に適した場所で気球実験ができることを意味し，気球実験の意義を高めている．

（6） **高層大気の「その場観測」**　科学気球が飛翔する高度 30～40 km の成層圏での大気の長時間にわたる「その場観測」は，気球の独壇場といえる．この高度は，航空機では到達できず，観測ロケットでは短時間で通過し，衛星の軌道からでは遠距離からのリモートセンシングとなる．

（7） **飛翔中の操作性の良さ**　特殊な飛翔を除き，通常の気球実験では，気球は地上の基地と通信が可能な範囲を飛翔している．したがって，全飛翔期間を通じ，テレメータによるデータ受信とコマンドによるきめ細かい操作が可能である．これに対し，高度 500 km 前後の中高度衛星の場合では，一つの地上局で通信できる時間幅はせいぜい 10～15 分である．

（8） **宇宙技術の予備実験**　科学気球は，宇宙科学観測ばかりでなく，ロケットや衛星技術の研究開発の手段としても活用される．例えば，軌道上から地上に帰還する宇宙機の開発の第一段階では，気球高度からモデルを落下させ，高速降下させて運動特性を研究する実験に供される．

（9） **次世代研究者の育成手段**　学生など若い世代の育成には，実際に機器に触れる実践が有効であるが，衛星では大規模でコストのかかるプロジェクトが中心であるため，そのような機会が少ない．気球実験はそうした目的にとって利用価値が高い．

　なお，惑星気球は上記の比較が適用できないのは当然のことである．むしろ，ランダーやローバーなどさまざまな惑星探査の手段との対比が重要である．そうした検討は，4 章で行う．

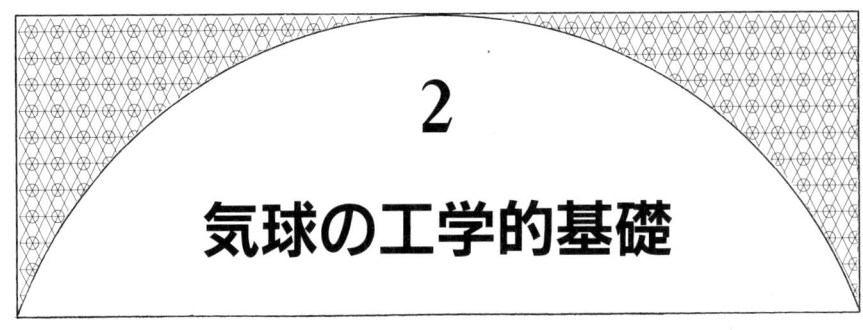

2 気球の工学的基礎

2.1 浮力の原理と気球の飛翔高度

〔1〕 **浮力の原理** 気球が大気中に浮かぶのは,紀元前3世紀にアルキメデス(Archimedes)により発見されたとされる,「流体中に置かれた物体は,その体積と同量の流体の重量に相当する上向きの力を受ける」という浮力の原理に基づいている[1]。その現象は以下のように説明できる。

図2.1(a)に示すように,流体の中に直方体が鉛直に置かれているとする。パスカルの原理により,物体はその表面に対し垂直方向の圧力を流体から受ける。その圧力は,側面では明らかに相殺され,上面および下面に作用する圧力 p_1,p_2 は,それぞれの深さを z_1,z_2,流体の密度を ρ,重力加速度を g,とすると

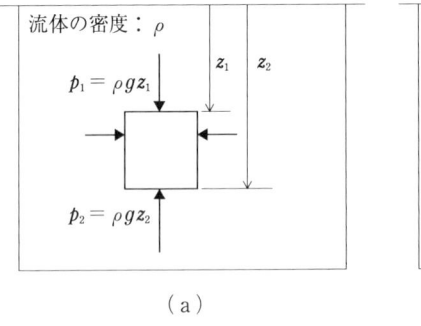
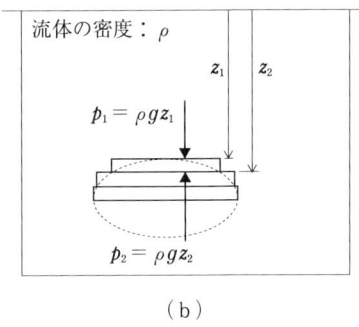

(a) (b)

図2.1 浮力の原理

$$p_1 = \rho g z_1 \tag{2.1}$$

$$p_2 = \rho g z_2 \tag{2.2}$$

であるから，直方体が流体より上向きに受ける力の総和 F は，上面および下面の面積を S，体積を V とすれば

$$F = p_2 S - p_1 S = \rho g (z_2 - z_1) S = \rho g V \tag{2.3}$$

となる。

任意の形状の物体についても，図(b)のように，水平に切り出した薄い板の集まりとして，それぞれに上記の説明を当てはめれば，式(2.3)と同じ結果が得られる。

〔2〕 **ガスによる浮力の効果**　気球に体積 V だけ浮揚ガスを追加注入した場合の上昇力の増大分を考える。外側の大気と内部の浮揚ガスの密度をそれぞれ ρ_a，ρ_g とすると，気球に作用する上向きの力の増加分 ΔF は

$$\Delta F = (\rho_a - \rho_g) g V \tag{2.4}$$

となる。右辺の項 $\rho_a g V$ がアルキメデスの原理による浮力であり，$\rho_g g V$ は内部ガスの重量である。

このように気体の上昇力への寄与は，外側の大気と内部浮揚ガスの密度差の形をとる。そこで，以後の記述では，この密度差を $\Delta \rho$ として $\Delta \rho g V$ を有効浮力と呼ぶことにする。

〔3〕 **到達高度**　気球は，全気球システム重量が浮力とつり合う高度に浮く。ここで全気球システム重量には，気球に詰めた浮揚ガスの重量が含まれている。全気球システム重量から浮揚ガスの重量を除いた，ガス注入前の重量を気球システム重量と呼ぶことにする。上記〔2〕項の定義を用いれば，気球はガスを注入する前の気球システム重量と注入したガスによる有効浮力がつり合う高度に浮くということができる。

図2.2は気球システム質量と到達高度の関係を，気球の容積をパラメータとして示している。図の中で，気囊の皮膜の厚さが記してある破線と気球容積の線との交点の横軸の値がその皮膜で作った気球の本体質量を示す。ただし，同一容積でも仕様により気球の質量は若干異なるので，この図の値はあくまでも

16　　2. 気球の工学的基礎

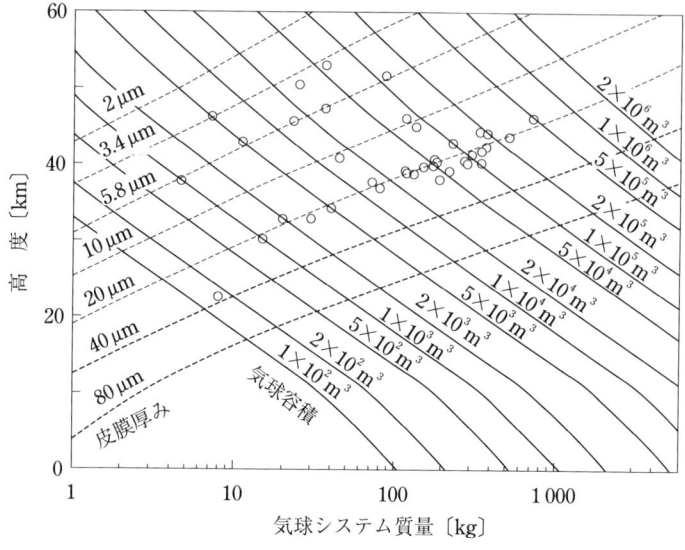

図 2.2　気球システム質量と到達高度

概略値である。参考までに，実際の気球質量の例を○印で示している。

　ある容積の気球を選ぶと，希望到達高度から気球システム質量が求まり，そこから気球本体質量を引いたものが，搭載できる機器・装置の総質量となる。また，この交点の縦軸の高度は，ペイロードを搭載せずに気球のみで上昇した場合の最高到達高度を意味する。高い高度まで到達するには，気球本体質量を軽減することが重要であることがわかる。

　科学気球で使われる代表的なポリエチレンフィルムの膜厚はおよそ 20 µm である。10万 m³ の気球で高度 35 km まで上昇する場合には，気球システム質量は約 730 kg となり，気球質量 230 kg を引いた 500 kg が搭載可能質量の総量となる。通常使われる気球容積は，ペイロード重量と希望到達高度によるが，おおむね数千～数十万 m³ の間である。運用中の気球の最大容積は NASA の 100万 m³ で，約 4 トンのペイロードを搭載する能力がある。開発段階のものとしては 170万 m³ で，700 kg のペイロードを搭載して高度 49 km まで上昇させている。

軽量のゴンドラを高い高度まで上げることを目的とする気球では，厚さ 6 μm 以下のポリエチレンフィルムが使われる．10 kg 以下のペイロードを搭載し，おもに特殊な気象，大気観測や宇宙観測および気球実験に際して事前に 40 km 付近あるいはそれ以上の領域の風向・風速を確認するために用いられる[2]．宇宙科学研究所では，自身で開発した厚さ 3.4 μm のフィルムを用いた 6 万 m^3 の気球に約 5 kg の軽量なペイロードを搭載し，到達高度 53 km を記録している[3]．

［茶飲み話］ アルキメデスは浮力をどのように証明したか

　気球を専門とする者は，一生に一度はアルキメデスの墓詣でをする必要があるだろう．なにしろ，彼が発見したという浮力の原理に全面的に依存しているのだから．

　いったい，紀元前 3 世紀の昔に，どのようにして浮力の存在を証明しようとしたのだろうか．興味あるところだ．幸い，彼の著作を日本語で読むことができる[1]（そのような著作が保存されてきたこと自体も驚異である．西欧文明の奥深さを痛感させられる）．

　浮力の証明は，『浮体について　第一巻』という著作で試みられている．内容は，二つの公準と九の命題からなっている．証明の基本は，流体中に同一の物資を入れても浮きも沈みもしない．すなわち，入れた物質の重さだけ軽くなるという命題三と七が基本であり，あとは，例証をあげて精緻化していくという手法である．もちろん，現代の科学からすれば完全なものではない．しかし，感心するのは，冒頭の公準（前提となる公理）として，流体の定義を述べていることである．流体の中の現象であるから，まずその定義をきちんとしておく，というきわめて正しい手順を踏んでいる．もし，この流体の性質を追求して，パスカルの定理に到達できていれば，アルキメデスの浮力の証明はより完全になっていたのだが．もっとも，つぎはパスカルの定義の根拠を証明する必要がある（じつは，本書でも省いてしまったのであるが）．

　もう一つの驚きは，命題二に，「液体の表面は大地と同じ中心をもつ球形になる」と記していることである．地球が丸いという認識はすでにギリシャ時代にあったといわれる．でも，水面も丸くなるとは……．万有引力の着想まであと一歩のように思えるのだが．

2.2 気球の形状

2.2.1 問題の経緯と概要

　気球の気囊は，高温かつ高圧の金星大気のような特殊な環境に浮かべる場合は金属殻を用いる案もあるが，一般的には，特に成層圏を飛翔する気球は，柔軟な皮膜材料（membrane）で作られる。皮膜が大きく伸びて体積が増すことを前提とするゴム気球以外は，伸びによる体積膨張は前提にしない。そこで，薄く軽い皮膜により最大に膨張した形状の気囊をあらかじめ作る。

　ここで，どのような形の気囊を作るのが最適かを考えるのが形状設計問題である。考えなければならないことは以下の3点である。

① つり下げるゴンドラの荷重をできるだけ分散して均一に皮膜に伝えること。

② 圧力が加わる皮膜には，できるだけ均等でかつ小さな張力が発生するようにして気球の強度を高めること。

③ 上昇中に膨張して形状が変わる過程でも上記①，②の関係が保たれること。

　気球が初めて飛翔してから1930年代の終わりまでの150年間，気球形状は上記3点を視点に入れて理論的，系統的に検討されたとはいい難い。加圧に耐えるのに適した形状として最も多く使われたのが球形である。学術書の解析もそうした前提に立っていた[4]。球形の下部を若干変形したもの，長い円筒型の上下を半球としたものなども試みられた。

　そうした，試行錯誤の段階に終止符を打つ端緒を開いたのが，〔4〕項で詳しく述べるUpsonによる自然型気球（natural shaped balloon）の提起である。この発案がいかに優れたものであるかを示す対比の意味で，ほかの形状についてまず簡単に述べておく。

〔1〕 **球形気球**　　加圧された完全な球体の皮膜には，皮膜の荷重および浮力を無視できれば，均等な2軸張力が発生する。その量 T は，皮膜に加わ

る圧力を P, 球の半径を r とすると
$$T = \frac{rP}{2} \qquad (2.5)$$
である。球形気球（spherical balloon）は，一見すると皮膜への負荷が最低であり，加圧される気球には最適な形状のように思える。同一容積の中で，最も表面積の小さい形状である点も軽量化の要求に合致する。

しかし，球形気球の問題点は，第一に，全面が均一の薄い皮膜であることは，重い荷重を一点でつるす場所がないことを意味する。そこで，底部を部分的に強化するか，図1.2や図2.3の古典的な気球の図に見るように，上半分に網を掛けるか，赤道付近にカーテンを取り付けてそこから多数のシュラウドと呼ばれるロープを下げ，その先にゴンドラをつるし，荷重の分散を図ることになる。

赤道より少し下段のカーテンのような取り付け布から多数のシュラウドと呼ばれるひもを下げ，最下段のペイロードをつるす。1.1節の気球の歴史で触れたピカールの気球もこのような方式であった。

図 2.3　古典的なペイロードつり下げ法

第二の問題点は，地上や上昇途中では部分的に膨張しているだけであり，球形とは異なる形状である。皮膜の張力の分布も一様ではない。こうした理由から，球形気球は小型でペイロードも軽い場合しか有効ではない。

〔2〕 **円筒気球**　気嚢の中央部が長い円筒で，上下端をなんらかの形状に閉じた気球を円筒気球（cylindrical balloon）という。皮膜から容易に円筒形状を作ることができる（あるいは，最初から太い筒状に形成されている）場合には有効である。円筒部の張力は，周方向には皮膜に加わる圧力差と円筒の

曲率半径の積，長手方向の張力の総和は圧力と円筒断面積の積である。

形状が細長いほど，耐圧性は向上するが，体積，表面積比が悪くなる。大型の成層圏気球では球状の気球に比べ自重が大きくなって不利である。しかし，大気密度が大きい低高度の金星大気に浮かべる場合のように，単位容積当りの浮力が大きい条件下では適用できる。

〔3〕 **テトラ気球**　図2.4のような正四面体に作られた気球をテトラ気球 (tetra-balloon) という。回転対称ではないため，一見すると不自然な形状であるが，頭部が平坦であること，底部が鋭角に集中していることなど，後述する自然型気球とは主要な点で類似性がある。この形状は，円周の半分に cos 30°を乗じた長さの円筒形を作り，その両端をたがいに直交する方向に閉じるとできる。

図2.4　CNESが用いているテトラ気球(2個のテトラ気球を用いた例)(提供：CNES)

このため，小型のものは製造も容易であるので，CNESでは地上でゴンドラをつり上げる際の補助気球として用いている（図2.4参照，放球方法の詳細は3.4.2項参照）。

〔4〕 **自然型気球**　球形気球，円筒気球，テトラ気球の形状は，いずれも上昇後に満膨張となったときの形状であり，地上でガスが詰められた状態では，頭部の一部が膨張しているだけである。Upsonは，膨張が不完全な部分

2.2 気球の形状

では皮膜が周方向に過剰であるため，図 2.5 のように多くの縦方向のしわが発生していることに着目した．すなわち，縦方向の皮膜の長さは膨張状態のいかんにかかわらず一定であるので，皮膜の張力は周方向には発生せず，縦方向のみであるという事実を基にして気球の形状を定式化した．この論文は 1939 年に発表されている[5]．

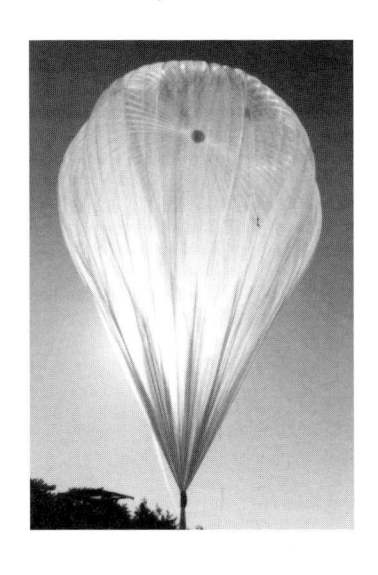

Upson は，気球に余った皮膜による多数の縦じわができることを見て自然型気球の着想を得た．

図 2.5 地上で部分的に膨張した気球の頭部

満膨張でも周方向には皮膜のゆとりがわずかに残るとすれば，気球の形状は部分膨張から満膨張まで，同一の形で定式化できる．のちに，自然型気球と呼ばれることになるこの形状の提案が，気球を経験と試行錯誤の段階から，科学的研究対象の段階に推し進める大きな役割を果たした．

ただし，形状を表す式は後述するように簡単な形ではあるけれども，解析的に解を求めることができない．Upson は，近似により類似の形状を示すにとどまった．1940 年代には，米国の気球開発プロジェクトの推進役の一つであったミネソタ大学で，アナログ計算機によって解を求める（気球の形状をペンレコーダで描く）試みがされている．1960 年代に入ると，NCAR に所属する Smalley は，利用可能段階を迎えたディジタル計算機による数値計算により，さまざまな条件下の気球形状を系統的に求め，実際の気球設計に適用させた[6]．

Upson が定式化し，Smalley により実用的な形状計算が完成された自然型気球の形状は，皮膜のみによって構成される完全な回転対称体である。一方，大型気球には，図1.4 に示したように，気嚢の耐圧性の向上と重量のあるペイロードをつるす能力の向上のため，ロードテープと呼ばれる高強度の補強繊維の束を一定の間隔で縦に挿入する方式が 1950 年代ごろより採用されはじめた。この場合，皮膜はロードテープの間で局部的な変形を起こすので，気嚢は回転対称体ではなくなる。当然，皮膜の張力も縦の一方向ではなく周方向にも発生する。しかし，全体の気球形状（ロードテープの曲線）は近似的には自然型とみなしうる。このため，ロードテープが導入された実際の気球と自然型気球の定式化との不一致から生じる問題は必ずしも明確にされないまま残されていた。

1998 年，筆者ら（矢島，井筒）により形状設計問題の基本からの見直しが進められ，「3次元ゴア設計法」なる概念が提起された。この概念によれば，子午線方向の力はすべてロードテープが受け，圧力により発生する力は小さな局所半径の膨らみをもつ皮膜が受けることでロードテープと皮膜の役割分担が明確になる。皮膜には一方向の張力しか発生しないので Upson の着想が継承でき，気球の形状設計問題はロードテープのない場合も含め，統一的に把握できる[7]。

しかも，この概念は，皮膜に発生する張力を気球の容積によらない一定の小さな量に最適化できる。高い耐圧性が要求される気球は，こうした拡張された気球形状設計の概念を適用することで，薄く軽い皮膜を用いた合理的な設計が可能となり，長年の課題に解答が与えられた。以下の項で，気球形状設計の基礎となる自然型気球の概念を数理的に詳しく説明する。

2.2.2 自然型気球の概念

気球は，打ち上げ時は図2.6 の a に示すように一部にのみ浮揚ガスが入った部分膨張（partially inflated）であり，上空に行くに従って b のように膨らみ，水平浮遊高度において最終的に c のような満膨張（fully inflated）の形状

2.2 気球の形状

図 2.6 自然型気球の形状

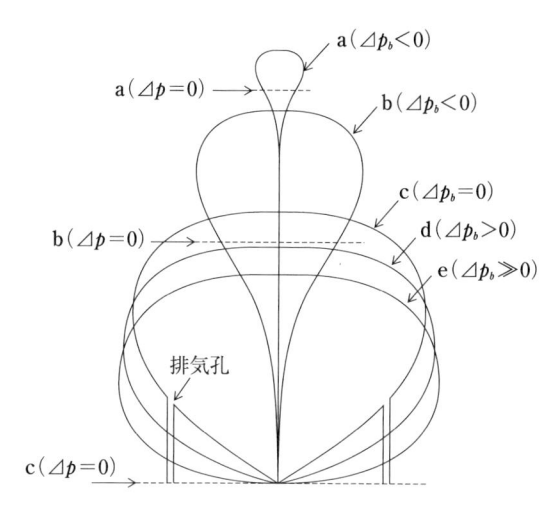

a および b は部分膨張, c は満膨張, d および e は気球内圧が周囲の大気圧より高い場合を示す。$\Delta p = 0$ の破線は気球内外の圧力が等しい高さを示す。

に達する。

伸びが無視できるほど小さい皮膜で形成された気球がこのように膨らんでいく過程と形状を求める。第一段階として，本項では，補強用に挿入されるロードテープなどがなく，軸対称（回転対称）形状を考える。ロードテープがある気球への拡張については，2.2.3 項で述べる。

〔1〕 **二方向張力のある一般式** 一般的に，気球のように薄い皮膜には二方向の引張応力のみが作用すると考えられ，そのほかの応力（圧縮応力，せん断応力）は作用しないものとして取り扱うことが可能である。そこで，自然型形状を求める前段の一般論として，皮膜に2軸張力が働く場合の形状をまず定式化しておく。

図 2.7 に示すように，平面曲線 C を軸 A の周りに回転させたときにできる曲面が気球皮膜を表すものとする。このときの回転軸 A 上にある曲線 C の始点を気球の下端 P_1 とし，終点を上端 P_2 とする。この曲線 C に沿う P_1 からの長さを s で表す。曲線 C の全長を気球の長さと呼び l_s で表す。曲線 C の曲率半径を R で表し，曲線 C の接線と回転軸のなす角を θ とし，曲線 C から対称軸 A までの距離を r とする。また，図に示すように曲線 C 上の各点の気球下端 P_1 からの高さを z で表す。点 P_2 の高さ，すなわち P_1-P_2 の距離を気球の

2. 気球の工学的基礎

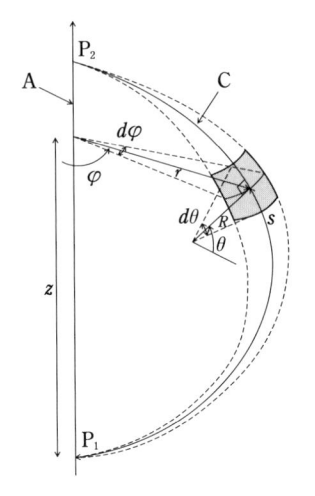

図 2.7 曲線 C を軸 A の周りに回転させてできる気球皮膜面の微小部分の定義

高さと呼ぶ。また，r の最大値を $r_{\max}$ で表し，$2r_{\max}$ の値を気球の直径と呼ぶ。

回転軸 A に垂直な平面内で角度 φ をとり，図 2.7 に示すような皮膜の微小部分 $rd\varphi R\,d\theta\,(=rd\varphi\,ds)$ について，力学的平衡を考える。この微小皮膜部分の断面に作用する単位長さ当りの引張応力を図 2.8 に示すように，φ が一定の面上で T_θ，θ が一定の面上で T_φ で表す。気球皮膜の単位面積当りの実質質量を w_e とし，気球内圧の大気圧に対する差を $\varDelta p$ とおく（内圧が大気圧より高い場合を正とする）。そうすると，z 方向と r 方向のつり合い式はそれぞれ式 (2.6)，(2.7) のようになる。

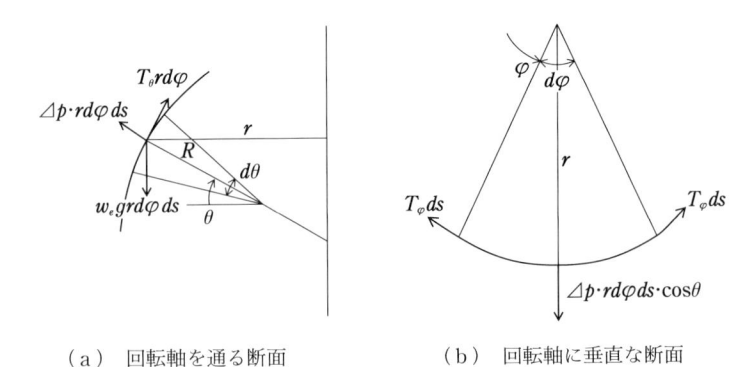

（a）回転軸を通る断面　　　　（b）回転軸に垂直な断面

図 2.8　気球皮膜面の微小部分に作用する張力と圧力

2.2 気球の形状

$$\left(T_\theta + \frac{dT_\theta}{2}\right)\left(r + \frac{dr}{2}\right)d\varphi \cos\left(\theta + \frac{d\theta}{2}\right)$$

$$-\left(T_\theta - \frac{dT_\theta}{2}\right)\left(r - \frac{dr}{2}\right)d\varphi \cos\left(\theta - \frac{d\theta}{2}\right)$$

$$- rd\varphi w_e g\,ds - rd\varphi \Delta p\,ds \sin\theta = 0 \tag{2.6}$$

$$\left(T_\theta + \frac{dT_\theta}{2}\right)\left(r + \frac{dr}{2}\right)d\varphi \sin\left(\theta + \frac{d\theta}{2}\right)$$

$$-\left(T_\theta - \frac{dT_\theta}{2}\right)\left(r - \frac{dr}{2}\right)d\varphi \sin\left(\theta - \frac{d\theta}{2}\right)$$

$$- 2T_\varphi ds \sin\frac{d\varphi}{2} + rd\varphi \Delta p\,ds \cos\theta = 0 \tag{2.7}$$

ただし,g は重力加速度である.

　式(2.6),(2.7)で,高次の項を省略して整理すると,以下のようになる.

$$\frac{d(rT_\theta)}{ds}\cos\theta - rT_\theta \sin\theta \frac{d\theta}{ds} - rw_e g - \Delta p\,r\sin\theta = 0 \tag{2.8}$$

$$\frac{d(rT_\theta)}{ds}\sin\theta + rT_\theta \cos\theta \frac{d\theta}{ds} - T_\varphi + \Delta p\,r\cos\theta = 0 \tag{2.9}$$

さらに,式(2.8),(2.9)を書き直すとつぎのようになる.

$$rT_\theta \frac{d\theta}{ds} = T_\varphi \cos\theta - rw_e g \sin\theta - \Delta p\,r \tag{2.10}$$

$$\frac{d(rT_\theta)}{ds} = T_\varphi \sin\theta + rw_e g \cos\theta \tag{2.11}$$

一方,Δp は,大気密度,気球内ガス密度をそれぞれ ρ_a,ρ_g とすると

$$\Delta p = \Delta p_b + (\rho_a - \rho_g)gz \tag{2.12}$$

と表すことができる.ここで,Δp_b は気球下端 $P_1(s = r = z = 0)$ における圧力差である.

　ここで,$\Delta p = 0$ になる点の高さを z_b とおくと,式(2.12)は

$$\Delta p = (\rho_a - \rho_g)g(z - z_b) \tag{2.13}$$

となり,式(2.10)は

$$rT_\theta \frac{d\theta}{ds} = T_\varphi \cos\theta - rw_e g \sin\theta - b_g(z - z_b)r \tag{2.14}$$

26　2. 気球の工学的基礎

となる。ここで，b_g は周囲の大気と浮揚ガスの密度差によって発生する単位容積当りの有効浮力（正味の上向き力）を表す。すなわち

$$b_g = (\rho_a - \rho_g)g \tag{2.15}$$

また，幾何学的関係から

$$\frac{dr}{ds} = -\sin\theta \tag{2.16}$$

$$\frac{dz}{ds} = \cos\theta \tag{2.17}$$

が成立する。一方，曲線 C を回転軸 A の周りに回転させてできる曲面によって形成される物体の幾何学的な表面積 S と体積 V は

$$\frac{dS}{ds} = 2\pi r \tag{2.18}$$

$$\frac{dV}{ds} = \pi r^2 \cos\theta \tag{2.19}$$

で求められる。

〔2〕　**自然型気球を表す式**　2.2.1〔4〕項で Upson の着想として述べたように，気球が完全に満膨張になるまでの途中の形状では，皮膜は φ 方向に余っており，たるんでいるとみなすことができる。このような形状では，子午線と平行にしわが発生し，このしわを横切る皮膜の φ 方向に張力は存在しないことになる。したがって，式(2.14)と式(2.11)で，$T_\varphi = 0$ とおくことにより得られる以下の二つの式で表される形状が自然型気球の断面を表すこととなる。

$$rT_\theta \frac{d\theta}{ds} = -rw_e g\sin\theta - b_g(z - z_b)r \tag{2.20}$$

$$\frac{d(rT_\theta)}{ds} = rw_e g\cos\theta \tag{2.21}$$

満膨張でも φ 方向にわずかに皮膜のゆとりがあると仮定しておけば，これらの式が，打ち上げ時の一部にガスが入ったときから満膨張までのすべての過程を定式化したことになる。

気球下端 P_1 に作用する z 方向の力（気球下端からつり下げられるペイロー

2.2 気球の形状

ドによる下向きの力）を $-F_1$，同様に気球上端 P_2 に作用する z 方向の力を $-F_2$ とする（通常は，$F_1, F_2 \geqq 0$）。

ここで，無次元化長さ λ を

$$\lambda = \left(\frac{F_1 + F_2}{b_g}\right)^{\frac{1}{3}} \tag{2.22}$$

と定義し，以下のように無次元化を行う。

$$\tilde{r} = \frac{r}{\lambda}, \quad \tilde{z} = \frac{z}{\lambda}, \quad \tilde{z}_b = \frac{z_b}{\lambda}, \quad \tilde{s} = \frac{s}{\lambda}, \quad \tilde{l}_s = \frac{l_s}{\lambda}, \quad \tilde{R} = \frac{R}{\lambda} \tag{2.23}$$

$$\tilde{T}_\theta = \frac{T_\theta}{b_g \lambda^2} \tag{2.24}$$

$$\tilde{S} = \frac{S}{\lambda^2}, \quad \tilde{V} = \frac{V}{\lambda^3} \tag{2.25}$$

式 (2.20)，(2.21) は以下のように書き直すことができる。

$$\tilde{r}\tilde{T}_\theta \frac{d\theta}{d\tilde{s}} = -k\Sigma_e \tilde{r}\frac{d\tilde{r}}{d\tilde{s}} - (\tilde{z} - \tilde{z}_b)\tilde{r} \tag{2.26}$$

$$\frac{d(\tilde{r}\tilde{T}_\theta)}{d\tilde{s}} = k\Sigma_e \tilde{r}\frac{d\tilde{z}}{d\tilde{s}} \tag{2.27}$$

ただし

$$k = (2\pi)^{-\frac{1}{3}} \tag{2.28}$$

である。

ここで，Σ_e は無次元化皮膜重量であり

$$\Sigma_e = \frac{w_e g}{k b_g \lambda} \tag{2.29}$$

で定義される気球の形状を特徴づける重要なパラメータとなる。すなわち，式 (2.26)，(2.27) の形状パラメータは Σ_e のみであるから，同一の Σ_e の値をもつ形状は相似型の気球を表すことになる。また，式 (2.16)〜(2.19) は，以下のようになる。

$$\frac{d\tilde{r}}{d\tilde{s}} = -\sin\theta, \quad \frac{d\tilde{z}}{d\tilde{s}} = \cos\theta \tag{2.30}$$

28   2. 気球の工学的基礎

$$\frac{d\widetilde{S}}{d\tilde{s}} = 2\pi\tilde{r}, \quad \frac{d\widetilde{V}}{d\tilde{s}} = \pi\tilde{r}^2\frac{d\tilde{z}}{d\tilde{s}} \tag{2.31}$$

〔3〕 **自然型形状の意義**　次項で述べるように，気球の頭部では曲率半径が無限大になり，平坦である。したがって，上昇中の部分的に膨張した気球形状には皮膜の周方向の長さが不足する部分がない。このため，上昇中から満膨張まで無理のない形状となる。

上記のように，周方向の張力 $T_\varphi = 0$ を拘束条件として形状計算が可能な理由は，定式化の前提として述べたように，軸対称である気球形状において，皮膜は非常に薄く，曲げや圧縮力に抵抗しないとする膜材料特有の性質による。気球の子午線に沿った長さを一定とし，特に，周方向に必要とする量よりもわずかに余分な皮膜を付与するとすれば，しわが子午線方向に発生し，このしわを横切る皮膜の周方向張力が存在しない。このことが，自然型気球が成り立つ重要な前提条件である。

このモデルは，皮膜の伸びを前提にせずに理論的に成立しており，構造力学上の静定問題であり，形状と皮膜の伸びを分離して扱えることが特徴である。

〔4〕 **底部圧力差が 0 または負の自然型気球**

（1）**底部圧力差が 0 の場合**　以下の例では，$F_2 = 0$ の場合を示す。まず，気球の全長 $\tilde{l}_s$ を一定として，気球下端の圧力差が 0（$\tilde{z}_b = 0$）となる形状を，パラメータ Σ_e を変化させて求めた結果を図 2.9 に示す。これは，与え

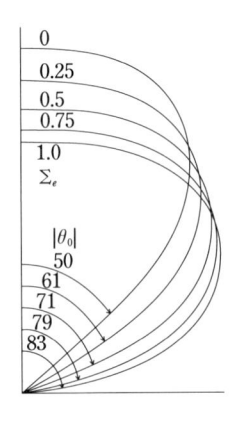

相似パラメータ Σ_e の値による気球下端の開き角 θ_0 の変化を示している。

図 2.9　自然型気球の断面形状の変化

られたパラメータ Σ_e のもとで計算の出発点 $\tilde{s} = 0$ における角度 θ の値 θ_0 を仮定して，初期条件

$$\tilde{r} = \tilde{z} = \tilde{S} = \tilde{V} = 0, \qquad \tilde{r}\tilde{T}_\theta = \frac{1}{2\pi \cos \theta_0} \qquad (\tilde{s} = 0) \qquad (2.32)$$

から積分を行ったとき

$$\tilde{r} = 0 \qquad (\tilde{s} = \tilde{l}_s) \tag{2.33}$$

になるように，繰り返し計算により θ_0 を決定することにより求められる。

気球の頭部すなわち $\tilde{s} = \tilde{l}_s$ では曲率半径は無限大で平坦となる。$\tilde{z}_b = 0$，すなわち気球下端 P_1 における圧力差 $\Delta p_b = 0$ という条件は，図 2.6 の c で図示したように，下端が大気に開放されたダクト（排気孔：venting duct）を気球下部に設け，このダクトの下端が気球下端と同じ高さになるように設定することにより，容易に実現できる。この形式の気球が 2.3.1 項で詳しく説明するゼロプレッシャー気球である。

ここで，Σ_e が小さいほど皮膜重量と比べ相対的にペイロードの重い気球の満膨張形状を表すことになる。Σ_e の相違による形状の大きな違いは，気球底部の開き角である。この関係を図 2.9 に示してある。この関係は同一皮膜で作られた同一容積の気球でもペイロード質量により形状が異なることを意味する。

（2）底部圧力差が負（部分膨張）の場合 つぎに上昇途中の形状を求める。この場合は，Δp_b を負の値に，すなわち $\tilde{z}_b$ を正の値とすることによりすでに示した図 2.6 の a〜b のように求められる。この計算では，パラメータは，θ_0 と $\tilde{z}_b$ の二つとなるので繰り返し計算では，式 (2.33) と，体積 $\tilde{V}$ が高度などほかの条件から決まる所定の値になることの二つが収束条件となる。

この場合，気球皮膜は余っているので，w_e は一定値ではなく下端からの距離 s の関数となることにも注意する必要がある。具体的には，まず，一度満膨張の形状を求めることにより満膨張時の気球各部の周長 l_φ を求めておく。

$$l_\varphi(s) = 2\pi r \tag{2.34}$$

そうすると，w_e も s の関数となり，式 (2.20)，(2.21) の w_e の代わりに

$$\frac{l_\varphi}{2\pi r} w_e \tag{2.35}$$

を使用すればよい。

〔5〕 底部圧力差が正の自然型気球

(1) 底部圧力差が有限の場合　　つぎに，排気孔がなく閉じていて気球下端の内圧が周囲の大気圧より高くなる気球を考える。すなわち，$\Delta p_b>0$（$z_b<0$）の場合を考える。形状は〔4〕項で述べた手順で求められ，Δp_b が0から大きくなるに従い，図2.6のdのような偏平なパンプキン気球（pumpkin balloon）と呼ばれる形状になる。

(2) 底部圧力差が無限大の場合　　さらに，圧力差が十分高い，すなわち気球内圧が高さに無関係とみなすことで，皮膜の重量による力が無視できることになり，図2.6のeのような極限形状になる。この形状は，式(2.26)および(2.27)で，$\tilde{z}+\tilde{z}_b$ を一定値 $\tilde{z}_b$ で置き換え，$\Sigma_e=0$ とおくことにより得られ，つぎの二つの式で表される。

$$\tilde{T}_\theta \frac{d\theta}{d\tilde{s}} = \tilde{z}_b \tag{2.36}$$

$$\frac{d(\tilde{r}\tilde{T}_\theta)}{d\tilde{s}} = 0 \tag{2.37}$$

これらの式から解析的に求められる形状は，子午線の長さを一定とする拘束条件のもとで体積が最大となる形状でもある。

ここで，式(2.37)は，$\tilde{z}$ が一定の高さの断面における $\tilde{T}_\theta$ の1周の合計値が $\tilde{z}$ によらず一定であることを意味している。したがって $\tilde{r}$ が最大となる赤道部（$\tilde{r}=\tilde{r}_{max}$）で考えれば，上下に対称な形状となるから，この1周の合計値は単純に気球内外の圧力差（ここでは一定値）によってこの断面に作用する力とつり合うと考えることができる。つまり

$$2\pi \tilde{r} \tilde{T}_\theta = \pi \tilde{r}_{max}^2 (-\tilde{z}_b) \tag{2.38}$$

すなわち

$$\tilde{r}\tilde{T}_\theta = -\frac{\tilde{z}_b}{2} \tilde{r}_{max}^2 \tag{2.39}$$

したがって，式(2.39)を(2.36)へ代入すると

$$\frac{d\theta}{d\tilde{s}} = -\frac{2\tilde{r}}{\tilde{r}_{\max}{}^2} \tag{2.40}$$

となる。

この式は Euler's elastica と呼ばれる[8]。スーパープレッシャー気球は近似的にこの形状として扱ってよい。この形状の赤道部における子午線方向の曲率半径は，気球の同一部分の水平方向の半径 $\tilde{r}_{\max}$ の半分となる。

$$\tilde{R} = \frac{d\tilde{s}}{d\theta} = \frac{\tilde{r}_{\max}}{2} \quad (\tilde{r} = \tilde{r}_{\max}) \tag{2.41}$$

〔6〕**皮膜張力と特異点** 以上のようにして求められる皮膜張力 $\tilde{T}_\theta$，およびその1周の合計値 $2\pi\tilde{r}\tilde{T}_\theta$ の皮膜位置 $\tilde{s}/\tilde{l}_s$ による変化を示したのが図 2.10 である。図 2.6 の膨張の途中の形状（a〜c）に対応している。気球の上下端に近づくに従って張力 $\tilde{T}_\theta$ が急激に大きくなる様子が示されている。また，気球が満膨張に近づくほどより大きくなることがわかる。

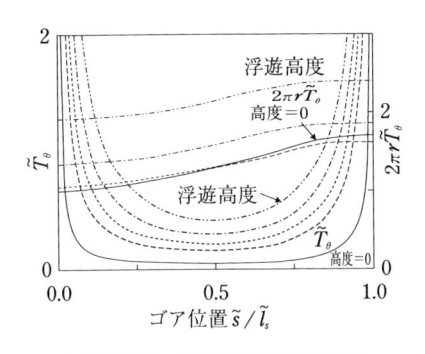

図 2.10　ゴア位置による張力分布の高度による違い
右軸はあるゴア位置における1周の張力の和を示す。

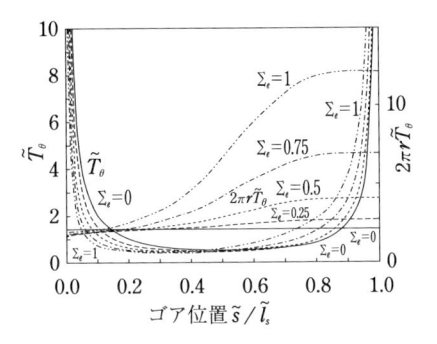

図 2.11　ゴア位置による張力分布の Σ_e による違い
右軸はあるゴア位置における1周の張力の和を示す。

一方，図 2.9 に示したようなパラメータ Σ_e を変化させて，張力分布の違いを示したのが図 2.11 である。Σ_e が小さいときは，$\tilde{z}$ が一定の高さにおける一周の張力はほぼ一定であるが，Σ_e が大きくなるほど皮膜の自重の効果で気球頭部に発生する張力が相対的に大きくなることを示している。このように，

上端と下端で単位長さ当りの応力が無限大になるのは，前項で述べた加圧された気球の場合も同様である。

以上に示した気球のモデルはあくまでも数理上のものであって，このままでは実利用に適さない。それは，気球両端で周長がゼロとなるので，経線方向の皮膜張力 T_θ が無限大になってしまうからで，当然ペイロードを気球からつるすこともできない。

初期の気球では周長がゼロとならないよう，ゴアの設計にあたっては，図 2.12 のようにシリンダストレート方式やテーパタンジェント方式が用いられた。すなわち，頭部と底部では子午線方向にしわが入った構造となる。極端な例として，気球の子午線の長さに等しい円筒の両端を縛れば周方向の長さは気球の高さによらず同一であるので，皮膜の自重を無視すれば周方向張力は場所によらず一定となる。よりスマートな方式として，次項では，ロードテープがある気球について述べる。

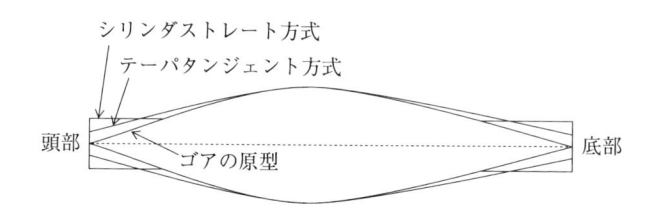

図 2.12 頭部と底部のフィルム量を多くして補強するゴアの形状

2.2.3 ロードテープ付き気球への設計概念の拡張

〔1〕 **ロードテープ** ラジオゾンデのようにたかだか数 kg 程度の軽量ペイロードをつり下げる場合は別として，数百 kg～1 トンを超えるような重い観測器を搭載する気球では，ペイロードの集中荷重を皮膜に分布荷重としていかに伝えるかが実際上の大きな問題となる。

現在のポリエチレンフィルムを用いた気球で用いられている，ロードテープ方式は，高強度で伸び率が皮膜に比べ十分小さい補強繊維を隣り合ったゴアの

間に縦に挿入し，それが下端に集まった点にペイロードをつるし，その荷重を皮膜へと分散して伝えるスマートな構造をとっている（図1.4参照）。

　この方法は子午線方向の長さのみを拘束条件とし，子午線方向張力のみ存在するとした自然型気球の形状計算と親和性が高く，ゴアの境界を接着して気球を作る製造プロセスとの適合性もよい。また，ロードテープが子午線方向張力を分担するため，2.2.2項で説明したような気球の両端で皮膜応力が無限大となることがない。

〔2〕　**ロードテープ付き自然型気球の設計（3次元ゴア設計法）**　出発点に戻り，皮膜の伸びを前提にせず張力が一方向にのみ発生するという基本概念をロードテープ付き気球に拡張する方法を考える。そのためには，まず子午線方向のゴアの長さが，皮膜にしわができるほどあり，すなわち，子午線方向張力が存在しないとする。また，周方向には小さな周方向曲率半径の張出しができる長さがゴア幅に与えられていると仮定する。すなわち，2.2.2項の自然型気球のモデルと同様のアナロジーを適用して，皮膜には子午線方向の張力が $T_\theta=0$ であり，かつ周方向にのみ張力 T_φ が発生するものとする。このゴアの張り出しはバルジ（bulge）と呼ばれる。

　このような構成をとれば，図2.13(b)に示すように子午線方向の力は N 本

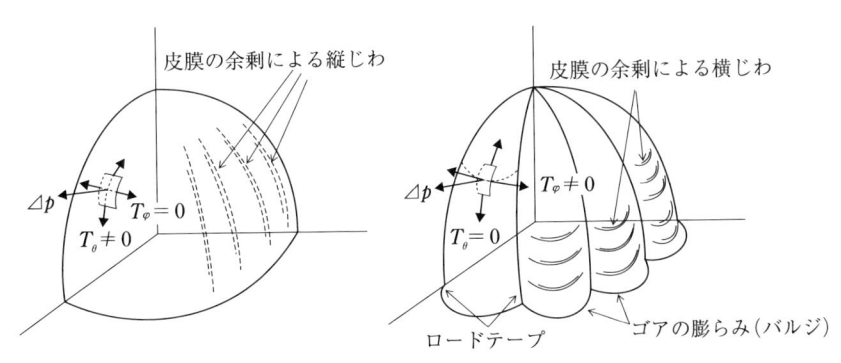

（a）ロードテープのない気球　　　皮膜の余剰は横方向，皮膜張力は縦方向のみ

（b）ロードテープ付き気球　　　皮膜の余剰は縦方向，皮膜張力は横方向のみ

図2.13　ロードテープによる補強と皮膜張力の関係（上部1/4部分図）

のロードテープのみで支え，皮膜にはロードテープのない自然型気球の場合と同様に一軸方向にのみ張力が発生する．ただし，張力の方向は図(a)のロードテープのない場合とは90°異なり，周方向となる．その結果，ロードテープを外側に引き上げることにだけ皮膜の張力を機能させることができる．

このように考えると，皮膜には一方向張力しか存在しないので，ロードテープが入った気球でも静定問題が適用可能となる[9]．皮膜の周方向張力は，その位置における周方向の局所曲率半径 R_φ により，単純に

$$T_\varphi = \Delta p\, R_\varphi \tag{2.42}$$

と表される．ここで Δp は気球の内外圧力差である．

この曲率半径 R_φ は気球の大きさと無関係に自由に設計可能であり，その最小値はロードテープの間隔の最も広い部分の長さの約半分となる．すなわち，ロードテープがない気球の周方向最大半径 $r_{\max}$ に対してこの曲率半径は次式

$$\frac{R_\varphi}{r_{\max}} \geqq \frac{\pi}{N} \tag{2.43}$$

によってのみ規定され，局所曲率半径 R_φ に比例する皮膜張力 T_φ もこの割合で数十分の一に減少させることができる．

加えて，後述するように，このロードテープの間隔は，製造時にロール状に巻かれた皮膜素材の幅寸法で決まるので，気球が大きくなればロードテープの本数が増すだけで，間隔は同一である．このことは，皮膜の張力 T_φ は気球の大きさによらないということを意味する．この従来の気球と大きく異なる特性は，大型気球の耐圧性の飛躍的向上を可能とする重要な特徴である．

一方，ロードテープに加わる張力 T_l の総和は，気球の高さによらず同一であって

$$NT_l = \pi r_{\max}^2 \Delta p \tag{2.44}$$

である．この張力は，皮膜の周方向張力がロードテープを外側に引き上げることで発生したものであり，圧力差 Δp により皮膜に発生する張力が，ロードテープの張力へと引き渡されていることになる．

ロードテープと皮膜の機能を，それぞれの特質に応じて分担させることを可

能とする3次元ゴア設計法に基づくこの構造は，理想的なロードテープ付き自然型気球であり，ロードテープを挿入した場合への自然型気球のモデルの正しい拡張となる。このような気球形状を実現するためには，各ゴアが所定の局所曲率を有するように立体的な形状（バルジ）を構成しなければならない[10]。

〔3〕 **ロードテープのない自然型気球の形状との関係** 3次元ゴア設計法で得られるロードテープで補強された気球の（ロードテープの）形状と〔2〕項で詳しく求めたロードテープなしの場合の気球形状との関係は，以下の点で基本的に同一であると考えることができる。

(1) 伸び率が皮膜より十分小さい高張力繊維をロードテープとして子午線に沿って挿入することは，子午線方向の長さ一定，とする自然型気球の前提条件に一致している。かつ，周方向の皮膜の長さは，ロードテープ間の膨らみ分だけロードテープなしの場合より長く，周方向の長さは必要量以上，とする前提条件にも合致している。

(2) 隣接するロードテープの間で，バルジの上に微小幅の帯状の円弧を仮想する。微小部分に加わる子午線方向の張力は，1本のロードテープに加わる張力をロードテープの間隔で割ったものであり，ロードテープなしの気球の微小部分と同一である。圧力差によって皮膜と直交する方向に発生する力は，張り出した皮膜の投影断面積の微小部分に作用する力であって，これもロードテープなしの気球の定式化と同一である。

両者のわずかな差異は以下の通りである。**図2.14**に示すように，張り出し

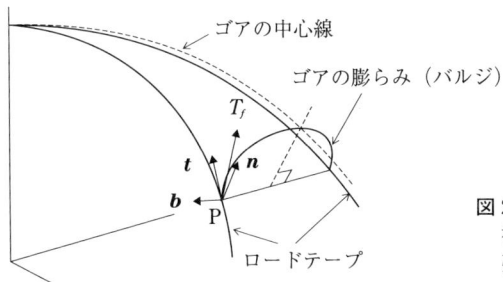

図2.14 3次元ゴアの断面形状と補強ロープに皮膜から伝わる張力の方向

たゴア上で中心線と直交する断面をとり，その断面がロードテープと交わる点P上に，t, n, bの直交座標をとる。t, nはロードテープの接線と法線である。ゴアの断面はロードテープと直交しないため，ゴアの断面の張力T_fはn方向のみでなくt方向の成分をもち，ロードテープなしの形状からずれる。

　これは，回転対称体であるロードテープなしの気球を，有限の本数Nのロードテープで分割する誤差である。Nが100本以上にもなる大型気球では無視できる差であるが，小型気球ではこの形状の違いを考慮して設計する必要がある。定式化は若干煩雑であるので文献(10)を参照されたい。

〔4〕 **ロードテープによる補強の意味**　図2.15に皮膜に高い圧力が加わった気球を3次元設計法によりN本のロードテープで補強する場合を示す。ロードテープを展開すれば，図のように円筒の鳥かご状の配列となる。ここで，ロードテープの本数をn倍に増加させると，皮膜の張り出しによる周方向の局所半径も$1/n$となるので，張力も同様に$1/n$に減少する。その際，ロードテープの物質量は同一とし，1本のテープを縦に裂いてn本にする。こうすれば，ロードテープの1本当りの張力と強度はともに$1/n$となり，負荷は一定である。

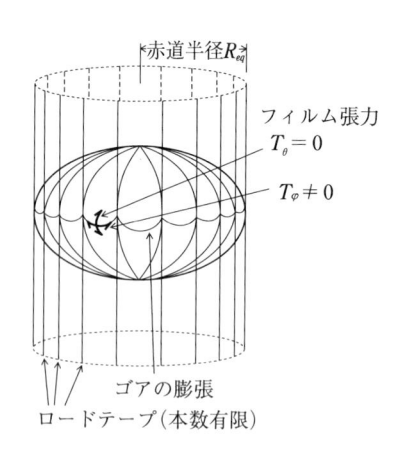

図2.15　有限な本数のロードテープの場合

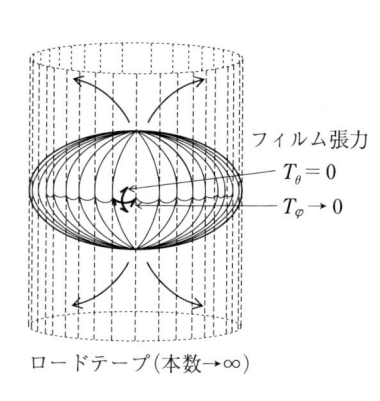

図2.16　ロードテープの本数を無限大に増加させた場合

2.2 気球の形状

さらに，同様の手順で，n を無限大に増大させたと仮定すると，皮膜の周方向張力はゼロとなり，無限本のロードテープの負荷は一定のままとなる。この気球を展開すると，図 2.16 のように無限本のロードテープが円筒状に配列された形状となる。すなわち，気球は無限本のロードテープが気囊の強度部材となり，無限に薄い皮膜がガスバリアとして機能する。

上記のような 3 次元ゴア設計法の極限としての円筒に展開できる気球と図 2.17 の皮膜のみで作られた円筒の上下を縛って作った気球との相違を考える。皮膜のみによる気球では，周方向の皮膜量はどの位置でも一定であるから，皮膜張力も一定である。相違点は，気囊を構成する材料が皮膜か高張力繊維かである。

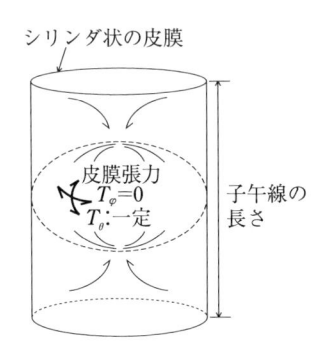

図 2.17 皮膜のみの円筒で作られた気球

一般に，耐圧容器は，用いる材質の比強度が大きいほど軽量化できる。気球用皮膜のような薄くかつ 2 軸方向に均質な膜材料の比強度は，$3 \times 10^3 \sim 6 \times 10^3$ m 程度である。これに対し，高分子繊維は，一軸に長い分子構造を作ることが容易であるため，高い比強度が実現できる。表 2.1 は，代表的な高強度高分子繊維の比強度であって，気球用ポリエチレンフィルムに比べ約 100 倍の相

表 2.1 代表的高強度繊維と気球用フィルムの比強度

材料名	PBO	アラミド	高強度ポリエチレン	気球用ポリエチレンフィルム
比強度〔$\times 10^3$ m〕	380	200	350	3〜6

違がある。この高分子繊維で気嚢を構成すれば、気球重量が同一であれば、比強度の比だけポリエチレンフィルムで作られた気球よりも強度のある気球となる。

有限の本数のロードテープで補強された気球は、二つの気球の中間の改善率となるが、挿入された高強度繊維が最も有効に補強効果を上げていると考えることができる。

すなわち、図2.17に示す円筒で作られた気球の赤道半径を R_{eq} とすれば、圧力差 Δp が加わったときの皮膜の子午線方向の張力 T_θ は

$$T_\theta = \frac{\Delta p R_{eq}}{2} \tag{2.45}$$

である。一方、図2.15に示す気球で、バルジは半円形の膨らみをもっているとすれば、最も大きな値となる赤道上の局所半径 $R_{\varphi,\max}$ は、ロードテープの本数を N とすれば

$$R_{\varphi,\max} = R_{eq} \sin\frac{\pi}{N} \tag{2.46}$$

となり、皮膜の周方向張力 T_φ は

$$T_\varphi = \Delta p R_{\varphi,\max} \tag{2.47}$$

である。この二つの張力の比 $K = T_\theta/T_\varphi \fallingdotseq N/2\pi$ がロードテープによる理想的な強度改善率となる。例えば、$N=100$ であれば $K=16$、$N=200$ では $K=32$ となる。

〔5〕 **皮膜の子午線方向に皮膜張力のない気球の実現方法** 　子午線方向張力 $T_\theta = 0$ でありかつ周方向に所定のゴア曲率半径 R_φ をもった3次元構造の膨らみをもったゴアを平面形状の皮膜材料から、皮膜の伸びによらずに作る方法を考える。図2.18に示すように、ゴアを通常のゴアより幅、長さとも一回り大きくする。その際、各部のゴア幅は、補強ロープ間に所定の曲率半径 R_φ をもったバルジを形成可能な長さにとる。また、ゴアの縁の長さは補強ロープより長いため、気球を製作する際には、ゴアの縁にしわを寄せながら短縮して短い補強ロープと結合し、ゴアの子午線方向に皮膜を余らせる。この際、短縮

2.2 気球の形状

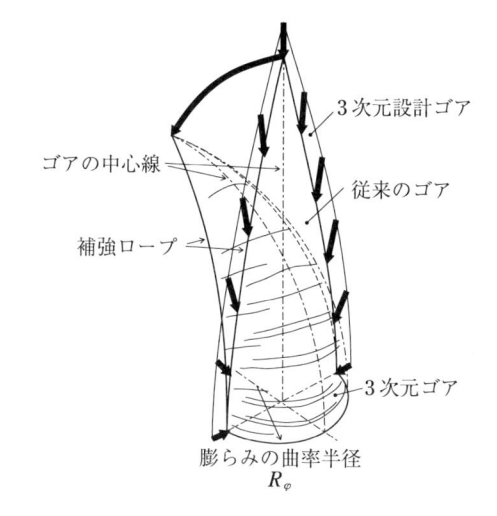

図中ラベル: 3次元設計ゴア／ゴアの中心線／従来のゴア／補強ロープ／3次元ゴア／膨らみの曲率半径 R_φ

従来のゴアより一回り大きいゴアを，太線の矢印で示すように短縮して補強ロープに接合すると，膨らみのあるゴアができる。衣服の立体裁断の要領である。

図 2.18 3次元ゴア設計法による気球の製作方法

する割合を適当に制御することにより，平面形状のゴアから所定の3次元形状に膨らんだバルジが形作られる。

容積 3 000 m³ のモデル気球を製作し，室内での膨張実験によりこの気球形状概念の確認を行った様子が**口絵5**の写真である[11]。

〔6〕 **従来のロードテープ付き気球の問題点** 通常の補強テープ付き気球の設計法では，2.2.2〔2〕項で求めたロードテープのない自然型モデルの表面に等間隔に N 本の補強テープを貼り付ける構成を想定している。気球のゴアはその子午線がゴアの中心線となり，周方向の全長の $1/N$ が幅となる。このゴアの縁どうしを接合して気球を製作する過程で，補強テープを一緒に接着する。

ただし，この製作方法では，平面状の皮膜材料を紡錘形に切り出してゴアを作るので，その中心線の長さは接合線の長さより明らかに短く，圧力が加わらず皮膜に伸びがない状態では，気球の断面形状は**図 2.19**の線cに示すような多角形となり，その頂点に補強テープがあることになる。このままでは，荷重の加わった補強テープを皮膜の張力で外側に引き上げることはできず，気球として成立しない。したがって，実際の気球では，図 2.19 のbに示すように，ゴアは伸び特性で補強テープの外側に膨らむしかない。

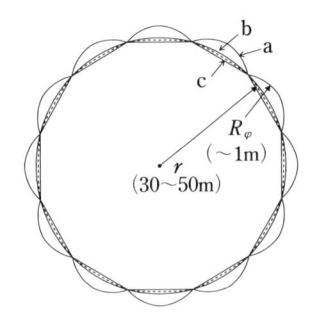

cは通常のゴア断面を示し,満膨張時には皮膜の伸びによりbのように膨らみ,ゴア中心線付近での曲率半径は気球の曲率半径rとほぼ等しくなる。一方,aは3次元ゴア設計法による張り出し位置を示しており,このときの皮膜はまだ伸びていない状態である。

図2.19 気球の横断面図

このとき,ゴアは周方向だけでなく,当然,子午線方向にも伸びなければならない。しかし,周方向の伸び率は1軸の伸びとしても大きいうえに,子午線方向にも伸びる2軸延伸となるので,実際の皮膜の伸びによるゴアの膨らみはさらに抑えられる。結果として,ゴアの中心線付近における周方向の曲率半径は中心からの半径rと比べ,さほど小さくならず,周方向の張力は増大する。かつ,子午線方向に伸びがあることは,子午線方向にも張力が発生しており,その張力と補強テープの張力の両方ですべての縦方向の力を支えていることとなる。この張力の分担は,比強度の大きい材質で作られた補強テープを挿入して子午線方向の負荷を効率的に支えようとする目的に反している。

また,このように皮膜の伸びを気球成立の前提条件とすることは,2.2.2項で導いた自然型気球のモデルとは原理的に異なり静定問題ではなくなる。このように2軸に発生する皮膜張力を正確に求めることは容易ではなく,有限要素法を非線形特性をもつ柔軟な皮膜材料の場合に拡張した数値計算プログラムが必要となる。ただし,概略の評価としては,加圧して破壊する時点の皮膜張力は,同一体積をもつ球の張力とほぼ同じとなる。すなわち,3次元ゴア設計法では,皮膜張力は局所半径に比例したのに対し,従来の気球ではほぼ赤道半径に比例することになる。飛翔試験等で確認された破壊時の圧力差も,同様の結果を示している。

もっとも,ゼロプレッシャー気球では,2.3節で述べるように,圧力差は非常に小さい。また,皮膜の張り出しおよび平坦な気球ゴアが立体形状になる際に生じる変形は,ポリエチレンフィルムの高い伸び特性によって達成されてい

2.2 気球の形状

る。このため，こうした本質的問題点は，ゼロプレッシャー気球では顕在化しないが，圧力差が著しく大きくなるスーパープレッシャー気球を実現するためには大きな障害となる。

図 2.20 は，口絵 5 の容積 3 000 m³ の気球の飛翔テストを行い，最高高度に達して所定の圧力差が加わっている気球を，ペイロードに取り付けた ITV カメラで下から見上げた写真である。図(b)の拡大写真から 3 次元ゴア設計法の設計思想どおりに，補強テープの間で円弧状の膨らみが形成されていることがわかる[12]。図 2.21 は，従来の気球の形状であるが，外周はほぼ円であって，ロードテープ間の膨らみはなく，その差は明らかである。

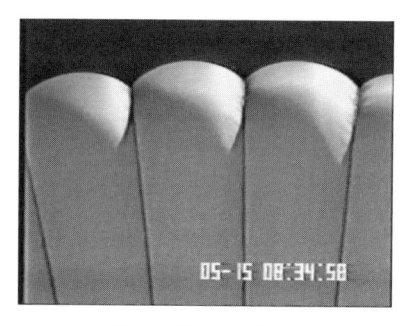

(a) 全体の写真　　　(b) 拡大写真

3 次元ゴア設計法によるロードテープの間の膨らみがよくわかる。

図 2.20　飛翔中のスーパープレッシャー気球

排気寸前に膨らんだ排気孔のダクトが見える。

図 2.21　上昇中の気球を見上げた写真

42　　2. 気球の工学的基礎

> [茶飲み話]　もう一つの自然型気球の定式化
>
> 　わが国の科学気球に貢献の深い西村純博士（元宇宙科学研究所所長）は，変分法を用いて独自に自然型気球の定式化を図った。変分法は，ある拘束条件のもとで，与えられた関数の極値（最大値または最小値）を求める問題であり，物理学の教科書で詳しく説明されている。西村博士は，"気球の子午線の長さ一定"と"体積一定"の二つを拘束条件とし，"浮力のポテンシャルエネルギー最小（浮力の作用点が最も高い位置になる）"を関数として気球形状を求めた。結果は，2.2.2項で述べたUpsonによる自然型気球の式と一致した。数学でいう，エレガントな別解である。
>
> 　ところで，気囊上の微小面に作用する力のバランス式から形状を求めたUpsonの結果と，一見まったく異なったアプローチである変分法の結果がなぜ一致したのだろう。謎は変分法の拘束条件，"子午線の長さ一定"にある。ここでは，周方向の長さは条件に加えていない。ということは，その長さは自由ということを意味する。すなわち，部分膨張の状態の気球には縦方向にしわがあるのを見てUpsonが着想した，"周方向の皮膜張力がゼロ"という条件は，変分法では陰に隠れて存在していることになる。
>
> 　二つの解法を統合すると自然型気球の基本性質はわかりやすい。すなわち，皮膜には子午線方向の張力しか発生しないような気球の形状は，浮力が最も小さなポテンシャルエネルギーになるような形状でもある，と。

2.3　気球の方式

　代表的な気球の方式について，構造と機能の概要を説明する。それらの詳しい飛翔特性は2.4節で述べる。

2.3.1　ゼロプレッシャー気球

　この方式は，気球皮膜に加わる圧力を最小にするので，薄く軽いフィルムを用いた大型気球の実現に道を開いた。近代科学気球の半世紀余の歴史は，巨大なゼロプレッシャー気球の時代と呼ぶことができる。

　〔1〕構　　造　　2.2節で述べたように，気球の底部に相当する位置に排気孔があり，満膨張になるとそれ以上膨張しようとする浮揚ガスを外に排出する気球である。排気孔の位置では，気球の内外圧力差がゼロとなるのでこの

名で呼ばれる。また，この孔により外気と通じているので，"外気に開かれた気球"とも呼ばれる。

　実際には，底部より上に穴をあけ，そこからダクトを気球底部の位置まで下げ，底部に排気孔を設けたことと等価な機能とする。このダクトは，気球の皮膜と同一の薄い皮膜で作られるので，気球内圧のほうが外気圧より高い場合は，内側から押し広げられてスムーズに円筒状に広がり，ガスを排気する。図2.21の写真は膨らんで排気状態にある排気ダクトを示している。

　圧力差が逆の場合は，ダクトは押しつぶされて平面状に張り付き，外気が気球内に流入するのを阻止する。したがって，以後，排気孔は逆支弁の機能もあわせもち，気球の内圧が大気圧より高くなった場合にのみ浮揚ガスが流れ出るものとして扱う。

　排気孔に取り付けたダクトは，通常は自然に下方に垂れ下がった状態にする。しかし，この状態で気球を速い速度で降下させると，気嚢の側面を流れる上向きの気流によってダクトが流され，その下端が上部に浮き上がる恐れがある。そうなると，排気孔の等価位置が高くなってその位置の圧力差がゼロとなるまで浮揚ガスの排気が起こり，浮力が低下し降下が止まらないことになる。そこで，飛翔中に速い速度の下降操作を行う気球では，図2.22のように，排気孔のダクトを気球側面に固定して底部まで降ろす方法が採られる場合もある。

〔2〕　**高度維持機能**　　上昇して満膨張状態に入った後の気球は，浮揚ガスを排気しながら同一の体積を保って上昇する。やがて浮力と全気球システム重

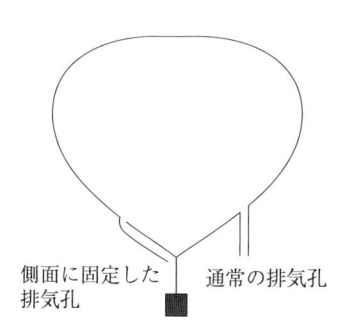

図2.22　排気孔の構成

量がバランスする高度で上昇を止め,水平浮遊状態に入る。もし,気球質量による慣性運動により,水平浮遊高度より高い高度まで排気を続けながら上昇すれば,浮揚ガス温度と大気温度の差を無視すると,過剰排気となって浮力が不足し,以後気球は降下を続けることになる。

2.4 節で詳しく述べるが,実際には上昇中は浮揚ガス温度が断熱膨張の効果で大気温度より低い。上昇が止まれば,ガス温度は大気温度側に上昇するので,浮力を回復して過剰排気による浮力損失が回復し水平浮遊が可能になる。

水平浮遊の状態で,なんらかの理由で浮力が増大してさらに上昇しようとしても,浮揚ガスが排気孔から溢れ出て浮力を減らし,気球は一定高度を保つ。他方,もし浮力が減少すれば気球の高度が下がる。高度が下がると,大気圧の上昇で気球の体積も減少するので浮力は回復せず,気球は降下を続ける。

すなわち,大気温度と浮揚ガスの温度との差による浮力の変化を考慮しなければ,ゼロプレッシャー気球の浮力のつり合い条件は,高度の高い方向に対しては自動安定点があるが,高度の低い方向には安定点がないことになる。

〔3〕 **日没補償** 上昇方向にしか高度の安定点がないゼロプレッシャー気球の顕著な特徴は,日没により太陽の照射がなくなると,浮力ガス温度が低下して浮力が減少し,高度維持ができなくなることである。いま,日没とともに気球内のガス温度が T_g〔K〕から ΔT_g〔K〕低下したとすれば,浮揚ガスの体積が収縮することによる浮力の減少率は,$\Delta T_g/T_g$ である。

通常のポリエチレン気球を地球上の中緯度で飛翔させた場合は,日没とともに 15～25 K ガス温度が低下する。昼間のガス温度を 230 K 程度とすると,浮力の減少は,全浮力の 7～10 % 程度である。放置すれば,気球は降下を続けるため,バラストを投下することで減少した浮力に相当するペイロード重量を減少させ,夜間の高度維持を図る。これを日没補償と呼ぶ。

日出とともにガス温度は上昇し,前日の日没で投下したバラスト分の浮力が回復するので,気球は再度上昇しようとして浮揚ガスを排気する。そして,つぎの日没に再びバラストを投下するというサイクルを繰り返す。バラストを投下するごとに全気球システム質量 m_t は減少していくので,それとともにバラ

スト投下量も減少する。

日没補償で投下する一回のバラスト量の全気球システム質量に対する割合を K_B とすると，n 日間のフライトで投下する全バラスト量の総和 m_B は

$$m_B = m_t K_B \sum (1 - K_B)^{n-1} \tag{2.48}$$

である。K_B は n 日間の飛翔中 10 % で変化しないものとして，投下する全バラスト量の初期総浮力に占める割合が飛翔日数とともにいかに増加するかの一例を**図2.23**に示す。この例は地球上で，容積 100 000 m³ の気球が高度 31.2 km（大気圧 10 hPa）の成層圏を飛翔する場合である。

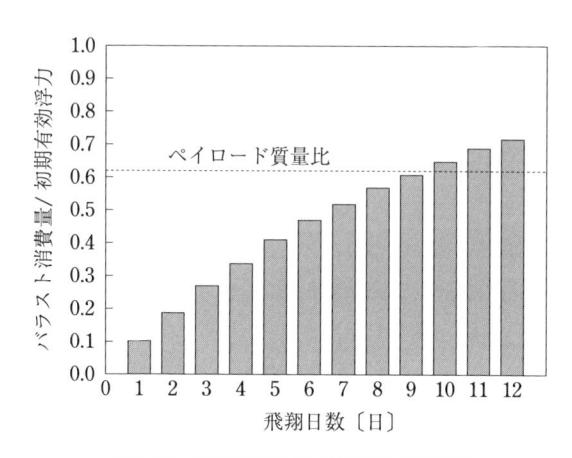

図 2.23 日没補償と気球の飛翔可能日数

水平浮遊時の有効浮力は標準大気（standard atmosphere）によれば約 12 850 N となる（**付録 1**．「標準大気表」参照）。この容積の気球本体質量はおよそ 230 kg であり，パラシュート，そのほか必要な機器を加えても 500 kg 程度であるから，ペイロード質量は 810 kg となり，初期有効浮力の 62 % を占める。このペイロード質量のすべてをバラストとしても飛翔可能日数は図より 9 日間にすぎないことになる。

〔4〕 **皮膜に加わる圧力** この気球の底部から高さ z の点での内外圧力差 Δp は，その高度での大気圧を p_a，大気と浮揚ガスの密度差を $\Delta\rho$ とすると，浮揚ガス温度と大気温度の違いを考慮しなければ

46　　2. 気球の工学的基礎

$$\Delta p = \Delta \rho \, gz = \Delta \rho_0 \, gz \frac{p_a}{p_{a0}} \tag{2.49}$$

である。ここで，$\Delta \rho_0$，p_{a0}，g は地上での気体の密度差，大気圧，重力加速度である。$\Delta \rho_0$ は概略 1.0 kg/m^3，p_{a0} は 10^5 Pa であるから，大型の気球で満膨張時の気球上端までの高さがおおよそ 100 m 前後のものでも，天頂部の内外圧力差は，浮遊高度の大気圧 p_a の 1 ％程度と微少である。

2.3.2　スーパープレッシャー気球

　この方式の気球は，バラストを捨てることなく長時間の飛翔が可能である。そのため，近代気球の取り組みが開始された 1950 年代以降，繰り返し開発プロジェクトが組織され，実用化の試みがなされてきた。高い耐圧特性が要求されるが，多くの場合，研究の主眼は軽く丈夫な気球皮膜の開発に置かれた。

　しかし，ゼロプレッシャー気球の数十倍の圧力差に耐える皮膜を数倍の重量増で実現することはきわめて困難であり，半世紀余にわたる気球工学上の開発課題として残されていた。この問題の基本的解決は，2.2 節で述べた「3 次元ゴア設計法」，すなわち皮膜に発生する張力をいかに減少させるかという，形状設計のアプローチにより可能となった。

　〔1〕**構　　造**　　スーパープレッシャー気球は，2.3.1 項で述べたゼロプレッシャー気球のような排気孔をもたず，外気に対し閉じている気球である。ただし，安全弁として一定圧以上となると自動的に作動する排気装置や，地上基地などから遠隔操作で開閉する浮力制御のための排気弁はこの限りでない。

　原則として，自由浮力 (free lift) 分のガスは気球から排気されないので，上昇が止まるには，自由浮力分のガスの膨張を気球の皮膜で押さえ込まなければならず，この分だけ外気との圧力差が増大する。その圧力差は，昼夜の浮揚ガス温度の変化を加えても，飛翔高度の大気圧の 20 ％程度であって，気圧の低い成層圏を飛ぶ気球では，絶対圧力としてはけっして大きいものではない。しかし，その圧力差は，ゼロプレッシャー気球の頭部圧力差に比べれば 20 倍

以上大きく，薄い皮膜で作られた大きな容積の成層圏気球にとっては，この圧力に耐えるのは容易でない．

〔2〕 高度維持機能　　いま，浮揚ガスを含む全気球システム質量 m_t の気球には，自由浮力 $\tilde{f}m_t g$ が付加されていて，膨張しながら上昇し，**図 2.24** に示すように，高度 z_1（大気圧 p_{a1}，大気密度 ρ_{a1}）で体積が V_{b1} となり，気球底部の圧力が大気圧に等しいゼロプレッシャー気球状態（状態 1）になったとする．このときの形状は 2.2 節で述べた図 2.6 の c に対応する．ここで，気球の底部と頭部間の圧力勾配を無視すれば，気球の内圧 p_{b1} は p_{a1} と等しい．このの ち，上昇とともに底部の圧力が上がり，図 2.6 の d から e のパンプキン気球形状へと変形する．そして，高度 z_2 で内圧 p_{b2}，体積 V_{b2} の満膨張状態（状態 2）となって上昇が停止する．

以後，この高度の近傍では，気球の体積はほぼ一定と考えてよいので，高度

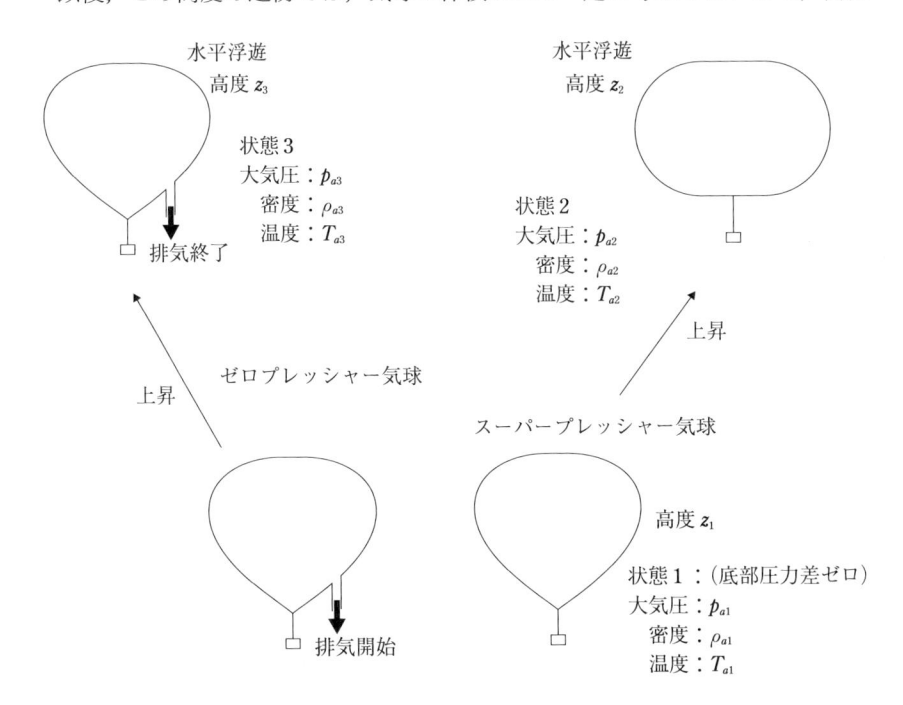

図 2.24　気球状態図

z_2 より高く上がれば大気密度が小さくなって浮力が減少し,逆に高度が下がれば浮力が増大する.すなわちゼロプレッシャー気球と異なり,スーパープレッシャー気球は上昇と下降両方向に安定条件をもつ気球である.このため,高度維持のためにバラストを投下する必要がないので長期間の飛翔が可能になる.

〔3〕 **皮膜に加わる圧力** 状態1と状態2における浮力と全気球システム質量および気球内圧の関係は

$$(1+\tilde{f})m_t\frac{T_{g1}}{T_{a1}} = V_{b1}\rho_{a1} \tag{2.50}$$

$$m_t = V_{b2}\rho_{a2} \tag{2.51}$$

$$\frac{p_{b1}V_{b1}}{T_{g1}} = \frac{p_{b2}V_{b2}}{T_{g2}} \tag{2.52}$$

となる.ここで,T_{a1}, T_{a2}, T_{g1}, T_{g2} は,それぞれ状態1,状態2における大気温度と浮揚ガス温度である.二つの状態では,ガス温度と大気温度が等しいとすれば,状態2でスーパープレッシャー気球として水平浮遊している気球の内圧を $p_{b2,0}$,その大気圧との圧力差を $\Delta p_{b2,0}$ は

$$p_{b2,0} = p_{a2}(1+\tilde{f}) \tag{2.53}$$

$$\Delta p_{b2,0} = p_{a2}\tilde{f} \tag{2.54}$$

であり,いずれも飛翔高度の大気圧と自由浮力の全気球システム重量に対する比で定まる.浮力ガス温度が大気温度と差がある場合には,内圧 p_{b2},内外圧力差 Δp_{b2} は

$$p_{b2} = p_{a2}(1+\tilde{f})\frac{T_{g2}}{T_{a1}} \tag{2.55}$$

$$\Delta p_{b2} = p_{a2}\frac{T_{g2}\tilde{f}+(T_{g2}-T_{a1})}{T_{a1}} \tag{2.56}$$

である.ここで,状態1と状態2の高度は近いので,それぞれの大気温度 T_{a1} と T_{a2} は等しいとして扱える.すなわち上式の $(T_{g2}-T_{a1})$ は,状態2におけるガス温度と大気温度との差 $\Delta T_g = T_{g2}-T_{a2}$ と近似できる.

太陽光照射等でガス温度 T_{g2} が上昇し,Δp_{b2} が $\Delta p_{b2,0}$ より増大する現象をスーパーヒート(super heat)と呼び,気球の設計強度を規制する.他方,夜

間にガス温度 T_{g2} が大気温度 T_{a2} より下がり，$\Delta p_{b2}<0$ となるとスーパープレッシャー気球としての加圧条件が失われてゼロプレッシャー気球となり，下方の高度安定性を失う．そのような限界値となる温度 $\Delta T_{g,\mathrm{lim}}$ は，$\Delta p_{b2}=0$ より

$$\Delta T_{g,\mathrm{lim}} = -\,T_{a2}\frac{\tilde{f}}{1+\tilde{f}} \tag{2.57}$$

となる．成層圏を飛ぶ気球では，大気温度は 230 K 程度であるので，$\tilde{f}$ が 8 ％の場合には，$\Delta T_{g,\mathrm{lim}}$ は -17 K となる．

2.3.3 特　殊　気　球

〔1〕**複 合 気 球**　2.3.2項で述べたスーパープレッシャー気球は，大型の気球それ自体を加圧状態に保つことで飛翔高度の変動を抑制しようとした．複合気球は，図 2.25(b)，(c)に示すように，小型のスーパープレッシャー気球と，その体積より K_v 倍大きい大型のゼロプレッシャー気球とを組み合わせた複合システムである．高度制御には小型のスーパープレッシャー気球を用い，ペイロードを持ち上げるための大型の気球本体はゼロプレッシャー気球として加圧することを避け，製作上の困難さの回避とコストの低減を図ろうとする考えである．方式としては，図(b)のように，気球を上下に配置したタンデ

（a）単一スーパープレッシャー気球　　（b）タンデム気球　　（c）二重気嚢気球

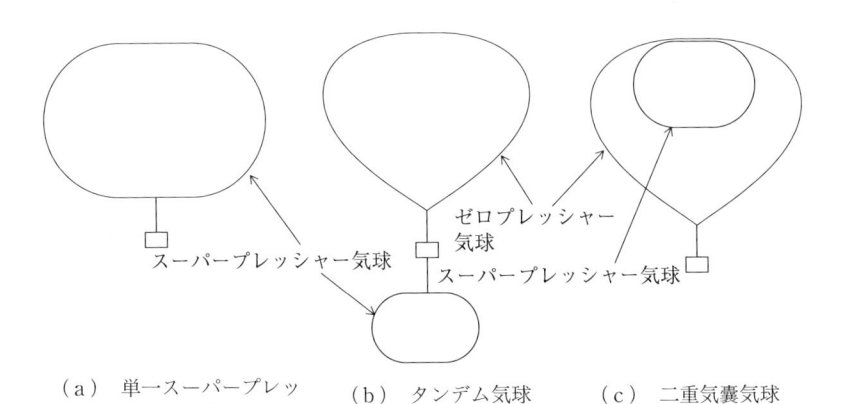

図 2.25　複合気球方式

ム気球 (tandem balloon)，あるいは図(c)のように二重気囊気球 (double-envelope balloon) が考えられる。前者は，NASA により，sky anchor 気球として試みられたことがある[13]。

この気球方式では，ゼロプレッシャー気球のガス温度が低下して減少する浮力分は，高度が下がることで増加するスーパープレッシャー気球の浮力で相殺される。すなわち，単一スーパープレッシャー気球とは異なり，高度の安定条件にはオフセット量が発生することになる。この，高度を維持するためにスーパープレッシャー気球に加わる圧力差 Δp は，体積の大きいゼロプレッシャー気球の浮力変化も負担しなければならない。このため，Δp は式(2.54)に示した，単一のスーパープレッシャー気球の場合の K_v 倍となる。

$$\Delta p = K_v p_a \tilde{f} \tag{2.58}$$

また，その際の高度の変化量 Δz は，最高高度と最低高度の大気圧をそれぞれ p_{max}，p_{min} とすれば

$$\Delta z = H_0 \ln\left(\frac{p_{min}}{p_{max}}\right) \tag{2.59}$$

である。ここで，H_0 は大気のスケールハイト（3.6.1項参照）である。高度変化が生じる要因である，太陽光照射の有無によるガス温度変化に伴う浮力の変化をパラメータに，気球の容積比 K_v と高度変化 Δz の関係を示すと**図2.26**となる。

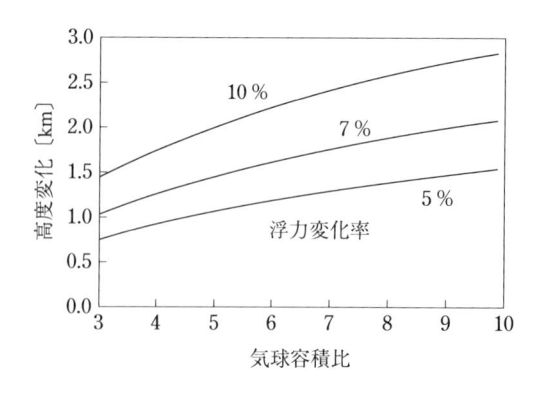

図中のパラメータは昼夜の浮力変化量の総浮力に対する比率

図2.26 気球の容積比と昼夜間の飛翔高度変化

二つの気球への浮力の適正な分配は，上昇が停止した時点でゼロプレッシャー気球がちょうどゼロプレッシャー状態となることであるから，ゼロプレッシャー気球の浮力とスーパープレッシャー気球の浮力をそれぞれ F_z, F_s とすると

$$F_z = m_t\, g - F_s \tag{2.60}$$

$$F_s = K_v m_t\, g \tilde{f} \tag{2.61}$$

である．

〔2〕 **MIR 気球** 気球皮膜の光学的特性を工夫し，ゼロプレッシャー気球で発生する太陽光照射の有無に伴う浮力の変動をできるだけ減少させようとした気球である．CNES により 1970 年代から開発が進められており，MIR 気球 (infrared Montgolfier balloon) と呼ばれている．気球の上半分は，反射特性を高めて，太陽光エネルギーによる浮力ガス温度の上昇を防ぎ，下半分は赤外吸収特性を高めて地球から放射される赤外線エネルギーを吸収して夜間のガス温度低下を防ごうとする．搭載可能なペイロード重量は小さく，かつ昼夜の高度変動も 10 km 程度と大きいが，長い飛翔時間を実現できている[14]．

2.4 気球の運動

本節では気球の運動を表すための飛翔モデルを記述する．気球の運動や浮遊中の挙動を求めるためには，気球に作用する諸力のほかに，気球内部の浮揚ガスの温度変化を表すモデルを導入する必要がある．取り扱いを簡単にするために，気球に作用する力を考えるときには，気球を質点として考え，気球内部の圧力勾配は無視し，気球の変形，回転も考えないことにする．ただし，気球に作用する抗力，圧力効果を正確に入れる場合には，気球内部の圧力勾配を考え気球の形状を考慮する必要がある．

図 2.27 に示すように，気球に作用するおもな力は，浮遊している惑星上での浮力，重力，そして気球の運動や大気の相対運動に伴って発生する力（以後，惑星大気に伴う力を慣用的に空気力と表現する）である．このほかに，気

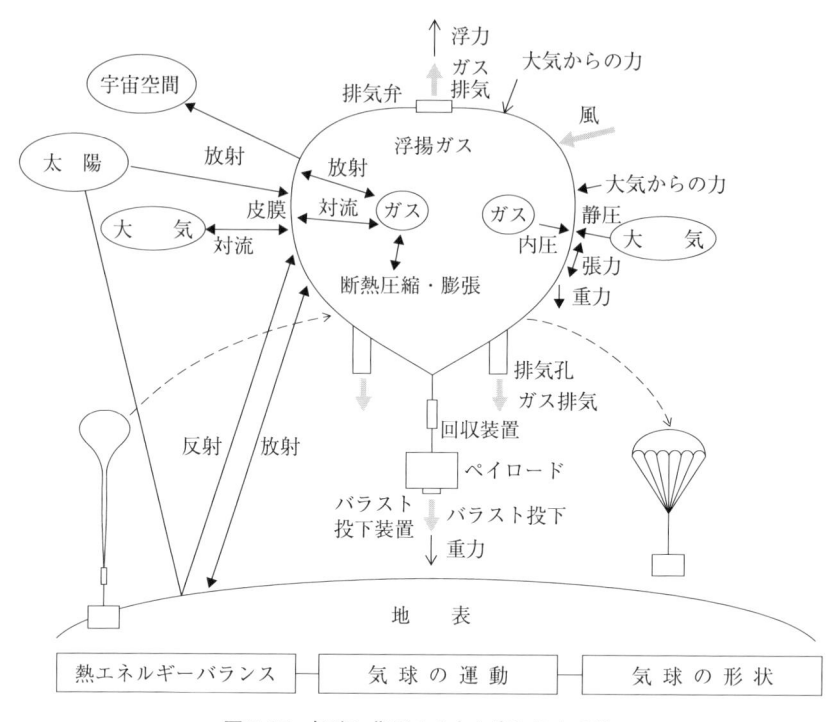

図 2.27 気球に作用する力と出入りする熱

球形状を考慮する際には膜面の位置によって変化する内外の圧力差と皮膜内部に発生する張力があるが，その変動に伴う運動への影響は小さいためここでは考えない。

気球皮膜や内部の浮揚ガスの温度変化に影響する項目としては
（1） 気球の上下運動による浮遊高度の大気圧の変化に伴う断熱膨張，断熱圧縮の効果
（2） 大気と皮膜の間，浮揚ガスと皮膜の間の対流熱伝達
（3） 浮揚ガスと太陽，惑星（地球），宇宙空間との間の放射熱伝達
（4） 皮膜と太陽，惑星（地球），宇宙空間との間の放射熱伝達

がある。

気球の水平方向の運動速度とその場の大気の風速との相対速度は小さいもの

として取り扱うことにする．

まず，2.4.1項において気球の運動を表す飛翔モデルを導く．続く2.4.2項では，おもに気球の上下運動に関係する定式化について説明する．そして，2.4.3項で水平運動について，2.4.4項では，気球の運動にとって非常に重要である熱エネルギーバランスについて考えることにする．

2.4.1 気球の飛翔モデル

図2.28のように，鉛直方向にz軸をとり，z軸に直交したx軸およびy軸をもつ直交座標系で考える．各軸x, y, z方向の単位ベクトルをi, j, kで表す．また，気球の位置を(x_b, y_b, z_b)，気球の速度ベクトルをv_b，各成分を(v_{bx}, v_{by}, v_{bz})で，風の速度ベクトルをv_w，各成分を(v_{wx}, v_{wy}, z_{wz})と表すことにする．

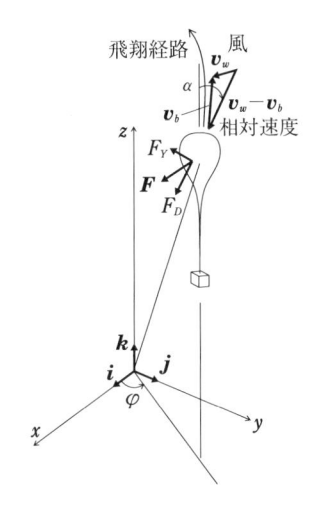

図2.28 座標軸の定義と気球に作用する空気力

気球に作用する空気力Fは，相対風$v_w - v_b$によるものとして表され，このベクトルに平行方向に抗力（drag）F_D，垂直方向に横力（side force）F_Yが作用する．すなわち

$$F_D = \frac{1}{2}\rho_a |v_w - v_b|^2 C_D A_b \tag{2.62}$$

$$F_Y = \frac{1}{2}\rho_a |\bm{v}_w - \bm{v}_b|^2 C_Y A_b \tag{2.63}$$

である。ただし，A_b は空気力を計算する際の基準面積であるが，ここでは気球の対称軸に垂直な最大断面積とし，この値は気球の形状を計算することにより得られる。また，ρ_a は大気密度である。

気球の相対速度ベクトル $\bm{v}_b - \bm{v}_w$ と $\bm{k}$ のなす角度を気球の迎角（angle of attack）α と定義する。C_D，C_Y はそれぞれ実効抗力係数および実効横力係数を示し，これらは迎角 α と気球形状と次式で定義するレイノルズ数 Re_b に依存する。

$$Re_b = \frac{\rho_a D_b |\bm{v}_w - \bm{v}_b|}{\mu_a} \tag{2.64}$$

ただし，D_b は気球の直径，μ_a は大気の粘性係数である。気球のレイノルズ数 Re_b は，地上では浮力の大きさにより $10^6 \sim 10^7$，浮遊高度付近では $10^4 \sim 10^6$ 程度になる。気球は膜構造であるから，本来，空気力が作用すると気球自身が変形し，これにより抗力係数や横力係数は変化するが，ここではこの空気力による気球の変形は無視することにする。それは，静圧による気球上端における内外圧力差が例えば直径 10 m の気球の場合に地上で約 100 Pa であるのに対して，5 m/s で上昇する気球に対する動圧は 15 Pa 程度と一けた小さいことに基づく。また，これらの係数 C_D，C_Y には気球下部の未膨張部分に起因する空気抵抗も含めるものとする。地球上の成層圏で使用される通常の大型気球の場合，地上付近での C_D は 0.3 程度である。

ベクトル $\bm{v}_w - \bm{v}_b$ を xy 平面上に投影したベクトルのベクトル $\bm{i}$ に対する角度を φ とし，気球に作用する空気力 $\bm{F}$ の x, y, z 方向成分をそれぞれ F_x，F_y，F_z とおくと

$$F_x = (F_D \sin \alpha + F_Y \cos \alpha) \cos \varphi \tag{2.65}$$
$$F_y = (F_D \sin \alpha + F_Y \cos \alpha) \sin \varphi \tag{2.66}$$
$$F_z = -F_D \cos \alpha + F_Y \sin \alpha \tag{2.67}$$

となる。

ここで，気球の質量を m_b，気球下端よりつり下げられるペイロードの質量を m_p，そこに搭載されるバラストの質量を m_c として

$$m_G = m_b + m_p + m_c \tag{2.68}$$

で表される質量 m_G が気球システム質量（balloon system mass, gross system mass）である。また，m_g を気球内の浮揚ガスの質量として，浮揚ガスの質量を含めた全気球システム質量（total balloon system mass）m_t を以下のように定義する。

$$m_t = m_G + m_g \tag{2.69}$$

この m_t に加速度の方向によって決まる付加質量（added mass）を加えた質量 m_v を以下のように定義する。

$$m_v = m_t + C_m \rho_a V_b \tag{2.70}$$

ここで，気球の付加質量係数 C_m は，気球が加速度運動する方向により変化する。球形の場合は 0.5 である。ゼロプレッシャー気球の場合，鉛直方向の C_m は出発時の状態から気球が膨張するに従い 0.4〜0.65 程度まで変化する。水平方向の C_m は，逆に 0.65〜0.4 程度まで減少する[15]。

以上により，気球の運動を表す方程式は以下のようになる。

$$m_v \frac{d^2 x_b}{dt^2} = F_x \tag{2.71}$$

$$m_v \frac{d^2 y_b}{dt^2} = F_y \tag{2.72}$$

$$m_v \frac{d^2 z_b}{dt^2} = (\rho_a V_b - m_t) g + F_z \tag{2.73}$$

大気密度 ρ_a は理想気体を仮定すれば

$$\rho_a = \frac{M_a p_a}{R T_a} \tag{2.74}$$

と表される。ただし，p_a は大気圧力，T_a は大気温度，M_a は大気の平均分子量，R はガス定数である。気球の容積 V_b は，浮揚ガスを理想気体と仮定すれば

$$V_b = \frac{m_g R T_g}{M_g p_g} \tag{2.75}$$

と表される。ここで，M_g, T_g, p_g はそれぞれ浮揚ガスの分子量，温度，圧力である。ゼロプレッシャー気球では，通常，p_g は p_a に等しいと考えてよい。

浮揚ガスの質量バランスは，気球の下部に取り付けられた排気ダクトからの体積流出速度を e_1，気球頭部に取り付けられる排気弁からの浮揚ガスの体積流出速度を e_2 とすると

$$\frac{dm_g}{dt} = -\rho_g(e_1 + e_2) \tag{2.76}$$

すなわち

$$\frac{dm_g}{dt} = -\frac{p_g M_g}{RT_g}(e_1 + e_2) \tag{2.77}$$

となる。ここで

$$e_1 = c_1 A_1 \sqrt{\frac{2\Delta p_1}{\rho_g}} \tag{2.78}$$

$$e_2 = c_2 A_2 \sqrt{\frac{2\Delta p_2}{\rho_g}} \tag{2.79}$$

である。ただし，A_1, A_2 はそれぞれ排気ダクトの総断面積，排気弁の総開口部面積，c_1, c_2 はそれぞれの数や形状によって変化する流量係数であり，流れの収縮係数と速度係数の積で表される。また，Δp_1, Δp_2 はそれぞれ排気ダクト出口と排気弁開口部における圧力差を示す。

一方，バラストの投下によっても気球システム質量が減少する。このバラストの質量投下速度を e_3 とする。すなわち

$$\frac{dm_c}{dt} = -e_3 \tag{2.80}$$

浮揚ガスの温度 T_g を求めるためには，気球への熱の出入りを考える必要がある。気球の皮膜と浮揚ガスに流入する熱をそれぞれ q_e, q_g とすると，皮膜の温度 T_e，浮揚ガスの温度 T_g は以下の二つの熱伝達の式で表される。

$$m_e c_e \frac{dT_e}{dt} = q_e \tag{2.81}$$

$$m_g c_{pg} \frac{dT_g}{dt} = q_g + V_b \frac{dp_g}{dt} + \frac{dm_g}{dt} T_g \tag{2.82}$$

ここで，m_e は皮膜の質量（これは気球質量 m_b とは異なる），c_e は皮膜の比熱，c_{pg} は浮揚ガスの定圧比熱である．式(2.82)は，3.1.3項で述べる大気の圧力と密度の関係を表す式

$$dp_a = -\rho_a g dz \tag{2.83}$$

と式(2.75)を用いて書き直すと

$$m_g \frac{dT_g}{dt} = \frac{q_g}{c_{pg}} - \frac{gM_a m_g T_g}{c_{pg} T_a M_g} \frac{dz_b}{dt} + \frac{dm_g}{dt} T_g \tag{2.84}$$

となる．右辺の第1項は浮揚ガスへの熱流入，第2項は断熱膨張（圧縮）によるもの，第3項は排気によって失われる浮揚ガスによる効果である．以上で示した q_e と q_g の詳細については2.4.4項で詳しく述べる．

2.4.2 気球の上下運動

ここでは，気球の上昇や浮遊といった基本的な飛翔について詳しく述べる．

〔1〕 **定常浮遊状態**　気球が一定高度で定常浮遊状態にあるときは，式(2.73)は簡単な静的つりあい式となる．

$$(\rho_a V_b - m_t)g = 0 \tag{2.85}$$

大気が理想気体とすると，この式は式(2.74)，(2.75)を用いて以下のように書き直される．

$$\frac{m_t}{m_g} = \frac{M_a p_a T_g}{M_g p_g T_a} \tag{2.86}$$

ここで，気体の分子量の比 $\tilde{M}$ を

$$\tilde{M} = \frac{M_a}{M_g} \tag{2.87}$$

のように定義すると，式(2.86)は，以下のような気球の一般的な浮遊状態を表す式が得られる．

$$\frac{m_t}{m_g} = \tilde{p}_g^{-1} \tilde{T}_g \tilde{M} \tag{2.88}$$

ただし，$\tilde{p}_g$，$\tilde{T}_g$ は浮揚ガスの圧力，温度を周囲大気の圧力，温度で無次元化したものである．

$$\tilde{p}_g = \frac{p_g}{p_a} \tag{2.89}$$

$$\tilde{T}_g = \frac{T_g}{T_a} \tag{2.90}$$

スーパープレッシャー気球では $\tilde{p}_g > 1$ であり，ゼロプレッシャー気球や部分的に膨張した気球では，通常 $\tilde{p}_g = 1$ であるが，浮遊状態でもガス温度は周囲の大気の温度とは通常異なっている．このようなゼロプレッシャー気球の浮遊状態は

$$\frac{m_t}{m_g} = \tilde{T}_g \tilde{M} \tag{2.91}$$

で表される．もし，浮揚ガスの圧力，温度とも周囲の大気の圧力，温度に等しい場合には，簡単に

$$\frac{m_t}{m_g} = \tilde{M} \tag{2.92}$$

となる．

〔2〕**鉛直方向の運動** 鉛直方向の運動方程式(2.73)を書き直すと，以下のようになる．

$$\left(m_t + C_m m_g \tilde{M} \frac{\tilde{T}_g}{\tilde{p}_g}\right) \frac{d^2 z_b}{dt^2} = \left(m_g \tilde{M} \frac{\tilde{T}_g}{\tilde{p}_g} - m_t\right) g + F_z \tag{2.93}$$

$\tilde{p}_g = 1$ ならば

$$(m_t + C_m m_g \tilde{M} \tilde{T}_g) \frac{d^2 z_b}{dt^2} = (m_g \tilde{M} \tilde{T}_g - m_t) g + F_z \tag{2.94}$$

である．ここで，右辺の第1項は浮力から重力を引いた正味の上向きの力を表しており，これは自由浮力（free lift）と呼ばれている．この力は，大気温度と浮揚ガス温度との関係，および気球体積の変化によって，飛翔中に変わる．

ここで，自由浮力を重力加速度で除した値の浮揚ガスを含む全気球システム質量 m_t に対する割合を $\tilde{f}$ とおく．

$$m_g \tilde{M} \tilde{T}_g - m_t = \tilde{f} m_t \tag{2.95}$$

特に，地上を離れる際の自由浮力を $\tilde{f}_0 m_t g$ で表す．気球が地上を離れるときは通常，大気温度と浮揚ガス温度が等しいと考えられ

$$m_g \tilde{M} - m_t = \tilde{f}_0 m_t \tag{2.96}$$

としてよい。

〔3〕 **気球の上昇速度と自由浮力**　静止大気中を気球が一定速度で上昇(自由浮力が正)している場合には，式(2.94)は

$$(m_g \tilde{M} \tilde{T}_g - m_t) g + F_z = 0 \tag{2.97}$$

となるから

$$V_b = m_g \frac{\tilde{M} \tilde{T}_g}{\rho_a} \tag{2.98}$$

と表されることを用いれば，気球の上昇速度は以下の式で求められる。

$$v_{bz}^2 = 2 \cdot \frac{m_g \tilde{M} \tilde{T}_g - m_t}{\rho_a C_D A_b} g \tag{2.99}$$

ここで，気球を球で近似すると，式(2.99)は

$$v_{bz}^2 = 4 \left(\frac{2}{9\pi}\right)^{\frac{1}{3}} \frac{g}{C_D} \left(\frac{m_t}{\rho_a}\right)^{\frac{1}{3}} \frac{(1+\tilde{f})\tilde{T}_g - 1}{(1+\tilde{f})^{\frac{2}{3}} \tilde{T}_g^{\frac{2}{3}}} \tag{2.100}$$

となる。地上を出発するときの速度 $v_{bz,0}$ は，$\tilde{T}_g = 1$ とおくことにより得られる。

$$v_{bz,0}^2 = 4 \left(\frac{2}{9\pi}\right)^{\frac{1}{3}} \frac{g}{C_D} \left(\frac{m_t}{\rho_a}\right)^{\frac{1}{3}} \frac{\tilde{f}_0}{(1+\tilde{f}_0)^{\frac{2}{3}}} \tag{2.101}$$

成層圏気球の実験現場では，自由浮力の割合を気球システム質量 m_G に対する比率で表現するのが慣例となっている。そこで

$$\tilde{f} m_t = f m_G \tag{2.102}$$

と定義される f を導入する。この f は自由浮力率と呼ばれている。特にことわりがない場合は，地上を離れる際の自由浮力率 f_0 を単に自由浮力率と呼ぶことが多い。なお，f_0 と $\tilde{f}_0$ の間にはつぎのような関係がある。

$$f_0 = \frac{\tilde{f}_0 \tilde{M}}{\tilde{M} - \tilde{f}_0 - 1} \tag{2.103}$$

浮揚ガスを排気しない間は，以下の関係も成立する。

$$f = \frac{\tilde{f} \tilde{M} \tilde{T}_g}{\tilde{M} \tilde{T}_g - \tilde{f} - 1} \tag{2.104}$$

自由浮力率を用いると，式(2.100)の代わりに以下の式が気球の上昇速度を表す．

$$v_{bz}{}^2 = 4\left(\frac{2}{9\pi}\right)^{\frac{1}{3}} \frac{g}{C_D}\left(\frac{m_G}{\rho_a}\right)^{\frac{1}{3}} \frac{(1+f)\widetilde{M}\widetilde{T}_g - (f+\widetilde{M})}{(\widetilde{M}-1)^{\frac{1}{3}}[(1+f)\widetilde{M}\widetilde{T}_g]^{\frac{2}{3}}} \tag{2.105}$$

地上を出発するときの速度 $v_{bz,0}$ は，式(2.105)で $\widetilde{T}_g=1$ とおくことにより得られる．

成層圏気球の場合，地上における自由浮力率 f_0 を変化させたときに m_G と気球の上昇速度 v_{bz} の関係を求めた結果を図 2.29 に示す．浮揚ガスはヘリウム，抵抗係数 $C_D=0.3$ とした．m_G が大きくなるに従って f_0 は小さくなる．気球の上昇中は，浮揚ガスの温度は断熱膨張により低下する．この断熱膨張（下降中は断熱圧縮）による温度変化は，式(2.84)の右辺第 2 項で表されるから，断熱膨張のみの効果に起因する T_g の変化は

$$\frac{dT_g}{dz} = -\frac{g\widetilde{M}\widetilde{T}_g}{c_{pg}} \tag{2.106}$$

で表される．

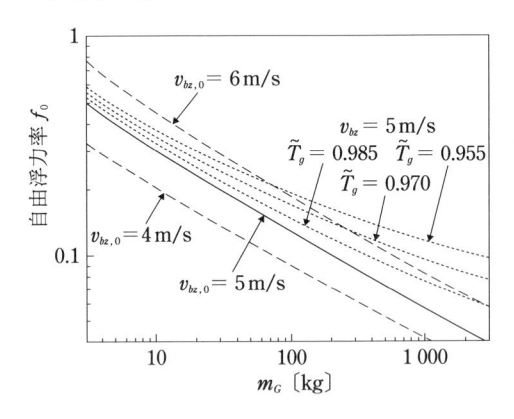

実線と破線は $\widetilde{T}_g=1$ の場合を表す．

図 2.29 気球システム質量とある上昇速度を得るために必要な自由浮力率の関係

この式で，仮想的に，大気の温度と浮揚ガスの温度差がない状態から上昇した場合（$\widetilde{T}_g=1$）を考え，ヘリウムガス温度の高度変化を計算すると，温度低下率は $-13.7\,\mathrm{K/km}$ となる．同様にして，大気の断熱膨張による温度低下率を求めると，乾燥空気の場合で，$-9.8\,\mathrm{K/km}$ となる．実際の対流圏の温度

低下率は $-6.5\,\mathrm{K/km}$ と小さいがこれは水蒸気の効果によるものである（大気温度の高度変化の詳しい説明は，3.1節参照）。

つまり，大気と浮揚ガスの断熱膨張のみの効果に基づく温度低下率の差は $-7.2\sim-3.9\,\mathrm{K/km}$ になり，このままだと温度差は上昇とともに拡大してしまうことになる。しかし実際は，浮揚ガスは大気との対流や放射により暖められる。また，浮揚ガスの温度が下がると浮力が低下して上昇速度が落ち，断熱膨張の効果が小さくなる。このようなことから，通常，浮揚ガスの温度は大気温度より数度低い状態が保たれて気球は上昇する。

この温度低下を入れて，与えられた気球上昇速度を得るために必要となる自由浮力率を求めると図2.29に示した点線のようになる。図2.29で示した線は，それぞれ，地上換算で，$\tilde{T}_g = 0.985$ が $T_g - T_a = -4.3\,[^\circ\mathrm{C}]$，$\tilde{T}_g = 0.970$ が $T_g - T_a = -8.6\,[^\circ\mathrm{C}]$，$\tilde{T}_g = 0.955$ が $T_g - T_a = -13\,[^\circ\mathrm{C}]$ に相当する。

通常，断熱膨張による効果と対流，放射伝熱による熱入力の比は，気球の体積の1/3乗に比例して大きくなるから，m_G が大きいと，同一の上昇速度を得るために温度低下による浮力損失を補正するために必要となる自由浮力率の増加分は大きくなる。

実際に，5 m/s の上昇速度を得るために必要な自由浮力率は図2.29において，m_G が小さい場合は $\tilde{T}_g = 0.985$ で表される曲線にほぼ等しく，m_G が大きくなるにつれて $\tilde{T}_g = 0.97$ の線に近づく。つまり，気球の浮揚ガスの温度は通常の気球の場合，周囲の大気より5℃程度低い状態となっており，1トンを超えるような大型気球では7℃以上になる。

気球の上昇速度は，式(2.100)で表されるように，自由浮力率が変化しなければ，大気密度の $-1/6$ 乗に比例し，高度が高くなるにつれて増加することになる。しかし，実際は上で示した断熱膨張の効果により自由浮力率は通常上昇とともに低下する。したがって，大型気球の場合，上昇速度の変化は顕著ではない。気球の上昇速度が上がれば，断熱膨張による温度低下率が増加して浮力が減少し，上昇速度が低下するためである。

ただし，対流圏界面（3.1.2項参照）を通過するときのように大気の温度変化率が大きく変化する場合は，大気と浮揚ガスの温度差の急増により上昇速度は大きく低下する。詳細は，2.4.4項で述べる。一方，満膨張と地上の容積比が1000倍程度になる，高高度まで上昇する小型気球の場合は，対流圏界面を超えたのちに，高度とともに上昇速度が速くなる傾向がより鮮明に出る。

〔4〕 **気球の到達高度**　図2.30のaで示す線は大気密度の高度による変化曲線を示している。横軸は密度の対数である。もし，浮揚ガス温度と大気温度が等しい状態（$\tilde{T}_g = 1$）で，気球が上昇すると考えると，自由浮力分だけ次式で定義される気球密度 ρ_b は ρ_a より小さく，気球は図の線bに沿って上昇する。

$$\rho_b = \frac{m_t}{V_b} \tag{2.107}$$

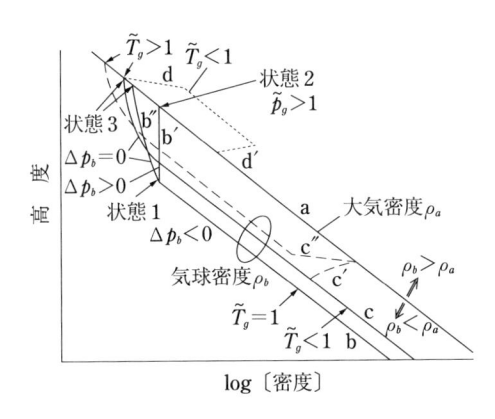

図2.30　気球の上昇下降運動における大気密度と気球密度の関係

そして，気球下端の内圧が大気圧に等しくなる高度を圧力高度と呼び，この点を状態1とする。

スーパープレッシャー気球のようにガスを排気しない場合は，状態1からさらに上昇を続け，気球密度が大気密度に等しくなるまで上昇する。この点を状態2とする。一方，ゼロプレッシャー気球の場合は，状態1から自由浮力分の

浮揚ガスを排気しながらさらに V_b が一定で上昇を続け，$\rho_b = \rho_a$ になると一定高度を保つ．このときの高度を密度高度と呼び状態3とする．

浮揚ガスの温度が大気温度と等しい場合の密度高度を等温密度高度と呼び

$$\rho_{a3} = \frac{m_G \tilde{M}}{V_{b\max}(\tilde{M}-1)} \tag{2.108}$$

で求められる．ここで，$V_{b\max}$ は気球の最大容積である．しかし，通常，浮揚ガス温度は大気温度とは異なっており

$$\rho_{a3} = \frac{m_G \tilde{M} \tilde{T}_g}{V_{b\max}(\tilde{M}\tilde{T}_g - 1)} \tag{2.109}$$

が実際の到達高度を表す．

つぎに，地上を離れてから浮揚ガスの排出が始まる状態1に達するまでの上昇過程では

$$\rho_a = \frac{m_t}{V_b}(1+\tilde{f}_0)\tilde{T}_g \tag{2.110}$$

である．$\rho_a > \rho_b$，すなわち $\tilde{T}_g > 1/(1+\tilde{f}_0)$ ならば気球は上昇し，$\rho_a < \rho_b$，すなわち $\tilde{T}_g < 1/(1+\tilde{f}_0)$ になると，気球は下降を始めることを意味する．通常，上昇中は $\tilde{T}_g < 1$ であるから，図2.30の線bよりaに近い線cに沿って気球は上昇する．

状態1の高度は

$$\rho_{a1} = \frac{m_t}{V_{b\max}}(1+\tilde{f}_0)\tilde{T}_g = \frac{m_G}{V_{b\max}}\frac{1+f_0}{\tilde{M}-1}\tilde{M}\tilde{T}_g \tag{2.111}$$

となる．

一方，排気を行わないスーパープレッシャー気球の到達高度は，気球内のガス圧力 p_g が大気圧 p_a より大きければ，すなわち

$$\frac{\tilde{M}(1+f_0)\tilde{T}_g}{\tilde{M}+f_0} > 1 \tag{2.112}$$

ならば，浮揚ガスの温度にはほぼ無関係で

$$\rho_{a2} = \frac{m_G}{V_{b\max}}\frac{\tilde{M}+f_0}{\tilde{M}-1} \tag{2.113}$$

となる。夜間のように浮揚ガス温度が低下する場合，この温度低下が，自由浮力分のガスの割合より大きい場合には，スーパープレッシャー気球ではなくゼロプレッシャー気球になってしまう。

例として，成層圏気球の場合に，$f_0 = 0.1$ の場合と $f_0 = 0.3$ の場合に状態1～3の高度（大気密度）がどう変化するかを**表 2.2** に示す。表に示した値に $m_G/V_{b\max}$ を乗じると各状態の大気密度すなわち高度が求められる。ここで，具体的に，$m_G/V_{b\max} = 0.0073$ とすると，$f_0 = 0.1$，$\tilde{T}_g = 1$ の場合で，状態1と状態3の高度差は 530 m，状態2と3の高度差は 190 m 程度となる。自由浮力率が大きくなると，$f_0 = 0.3$，$\tilde{T}_g = 0.95$ では，状態1と状態2の高度差は 1 300 m 程度となる。

表 2.2 圧力高度と密度高度の差

密度	$f_0=0.1$			$f_0=0.3$
	$\tilde{T}_g=1$	$\tilde{T}_g=0.95$	$\tilde{T}_g=1.05$	$\tilde{T}_g=0.95$
ρ_{a1}	1.276	1.213	1.340	1.433
ρ_{a2}	1.176	1.176	1.176	1.208
ρ_{a3}	1.160	1.170	1.152	1.170

通常低い温度 $\tilde{T}_g < 1$ で水平浮遊に入り，その後，日中ではガスが暖まり温度が上昇するため $\tilde{T}_g > 1$ となり，少し上昇して，再び水平浮遊に入る。これが，図 2.30 の c に示す線である。表 2.2 では $\tilde{T}_g$ が 0.95 から 1.05 に変化するものとしている。

〔5〕 **上昇運動の操作**　上昇中にガスを強制的に排気して，上昇を止める場合は図 2.30 の c′ で示したようになる。その後，バラストを捨てて再上昇する場合は，c″ のようになり，最終的な浮遊高度は高くなる。一方，夜になって，浮揚ガス温度が低下した場合は図の d に示したように下降を始める。バラストを捨てると d′ のように気球密度が低下して下降が停止する。

2.4.3　気球の水平運動

気球の水平方向の運動は，式 (2.71)，(2.72) に示すように，気球の水平方向

速度と風の速度差によって生じる空気力によって支配される．風が定常状態であれば，この速度差はしだいになくなり，最終的には気球は周囲の風と同速度で運動することになる．しかし，風は場所や高度，時間によって変化し，また，急激に変動することもあるので，それによって変化する気球の運動は，必ずしも周囲の大気の動きとは一致しない．特に，気球は高い高度では容積が非常に大きくなるので，風の変化に対する気球の応答の遅さに注意を払う必要がある．

簡単な例として，図 2.31 には，周囲の大気の風速が，突然 2 m/s 変化したときに，気球の速度が時間とともにどう変化するかを示してある．比較のため，高層気象観測に使用されるラジオゾンデ用ゴム気球（3.6 節参照）の場合の応答をあわせて示してある．

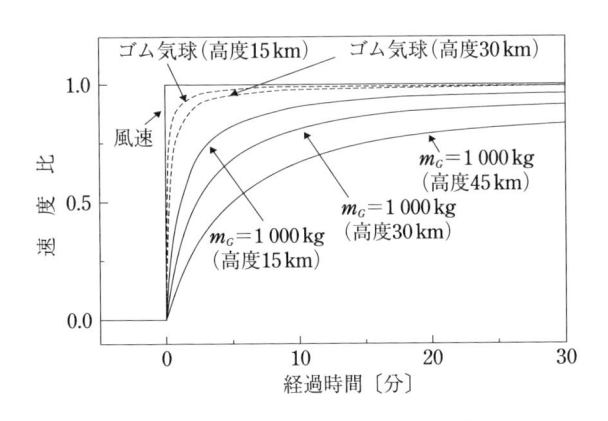

図 2.31 気球の周囲の風速がステップ状に変化したときの気球の応答

このような，突然生じた速度差が 1/4 の差にまで縮まるのに要する時間で比較すると，ゴム気球のような小型気球の場合には，高度 15 km で約 20 秒，高度 30 km でも 40 秒程度であるのに対して，気球システム質量 1 000 kg の気球の場合には，高度 15 km で約 3 分，高度 30 km で 7 分程度，高度 45 km になると 15 分にも達する．ここに示した例は極端な場合ではあるが，直径数十 m 以上の気球では，変化した風に乗るのに数分以上要するのが普通である．このことは，5 m/s で上昇中の気球にとっては，向きが変わるまで数 km も上昇し

てしまうことを意味する。

2.4.4 気球の熱バランス

ここでは，浮揚ガスの温度を決定する，気球の熱バランスについて述べる。すなわち，式(2.81)，(2.82)の中のq_eとq_gを求める。以下の記述では，気球が飛翔している惑星の大気を単に大気，表面を単に地表と表すことにする。

図2.27に示すように，大気中を飛翔している気球の皮膜や浮揚ガスは，太陽放射を吸収するとともに，宇宙空間や地表に向けて長波長の放射をしている。また，地表や大気は太陽放射エネルギーの一部を反射し，地表からの赤外放射とともに，これらの一部が気球皮膜や浮揚ガスに吸収される。地表からの反射は緯度や地面の状態，雲の有無によって，大きく変化する。また，皮膜と大気，皮膜と浮揚ガスの間には対流による伝熱がある。皮膜と浮揚ガス間の放射伝熱は温度差が小さいこともあって無視しても差し支えない。

〔1〕 **皮膜と浮揚ガスの伝熱** ここでは，簡単に，気球を球で近似することにして，気球の実効断面積をA_e，実効表面積をS_eとする。気球皮膜と浮揚ガスへ流入する熱量q_e，q_gは，それぞれ以下のように表される。

$$q_e = \tilde{a}_e I_0 (A_e + F_{bs} a_s S_e) + \tilde{\varepsilon}_e \sigma S_e (T_s^4 - T_e^4)$$
$$+ \tilde{\varepsilon} \sigma S_e (T_g^4 - T_e^4) + h_{ge}(T_g - T_e) + h_{ae}(T_a - T_e) \quad (2.114)$$

$$q_g = \tilde{a}_g I_0 (1 + a_s) S_e + \tilde{\varepsilon}_g \sigma S_e (T_s^4 - T_g^4)$$
$$+ \tilde{\varepsilon} \sigma S_e (T_e^4 - T_g^4) + h_{ge}(T_e - T_g) \quad (2.115)$$

ここで，I_0は太陽定数で，高度と太陽角度によって補正されたものとする。a_sは地表の反射率（アルベド，albedo）であり，気球の位置と時刻，雲の有無によって変化する。

$\tilde{a}_e$，$\tilde{\varepsilon}_e$はそれぞれ皮膜の実効太陽吸収率，実効赤外放射率，$\tilde{\varepsilon}$は皮膜と浮揚ガスの間の実効放射率，$\tilde{a}_g$，$\tilde{\varepsilon}_g$はそれぞれ浮揚ガスの実効太陽吸収率，実効赤外放射率である。T_sは気球からみた周囲の実効温度を表し，高度，昼夜や雲の状態で変化する。h_{ge}，h_{ae}はそれぞれ浮揚ガスと皮膜，皮膜と大気の間の対流熱伝達係数である。σはステファンボルツマン定数である。また，F_{bs}

は気球から惑星への形態係数であり，球の場合は0.5である。

皮膜とガスの実効放射率，実効吸収率は，気球内部での反射を考慮すると，以下の式で求められる[16]。

$$\tilde{\alpha}_e = \alpha_{esol}\left\{1 + \frac{\tau_{esol}(1-\alpha_g)}{1-r_{esol}(1-\alpha_g)}\right\} \tag{2.116}$$

$$\tilde{\varepsilon}_e = \varepsilon_e\left\{1 + \frac{\tau_e(1-\varepsilon_g)}{1-r_e(1-\varepsilon_g)}\right\} \tag{2.117}$$

$$\tilde{\varepsilon} = \frac{\varepsilon_e \varepsilon_g}{1-r_e(1-\varepsilon_g)} \tag{2.118}$$

$$\tilde{\alpha}_g = \frac{\alpha_g \tau_{wsol}}{1-r_{wsol}(1-\alpha_g)} \tag{2.119}$$

$$\tilde{\varepsilon}_g = \frac{\varepsilon_g \tau_w}{1-r_w(1-\varepsilon_g)} \tag{2.120}$$

ただし，τ_{esol} は皮膜の太陽透過率，τ_e は皮膜の赤外透過率，r_{esol} は皮膜の太陽反射率，r_e は皮膜の赤外反射率，α_{esol} は皮膜の太陽吸収率，α_e は皮膜の赤外吸収率，ε_e は皮膜の赤外放射率，α_g は浮揚ガスの太陽吸収率，ε_g はガスの赤外放射率である。

実際は，満膨張になるまでは，気球下部の皮膜は周方向に余っていて，たがいに重なり合っている部分があるので，場所により厚みが異なり，これらの式はさらに複雑になる。

対流熱伝達係数は，大気と浮揚ガスのヌッセルト数 Nu_a および Nu_g，大気と浮揚ガスの熱伝導率 λ_a および λ_g を用いて

$$h_{ge} = \frac{Nu_g \lambda_g}{D_b} \tag{2.121}$$

$$h_{ae} = \frac{Nu_a \lambda_a}{D_b} \tag{2.122}$$

のように表される。ここで，D_b は気球の直径である。

大気のヌッセルト数は，自然対流の場合には

$$Nu_a = 2 + 0.6(Gr_a Pr_a)^{\frac{1}{4}} \tag{2.123}$$

強制対流の場合は

68　　2. 気球の工学的基礎

$$Nu_a = 0.37 Re_b^{0.6} \quad (10 < Re_b < 10^5) \tag{2.124}$$

$$Nu_a = 0.74 Re_b^{0.6} \quad (Re_b > 10^5) \tag{2.125}$$

と表される[16]。一方，気球内部には自然対流が存在すると考えられ，浮揚ガスのヌッセルト数は

$$Nu_g = 2.5\{2 + 0.6(Gr_g Pr_g)^{\frac{1}{4}}\} \quad (Gr_g Pr_g < 1.5 \times 10^8) \tag{2.126}$$

$$Nu_g = 0.325(Gr_g Pr_g)^{\frac{1}{3}} \quad (Gr_g Pr_g > 1.5 \times 10^8) \tag{2.127}$$

から求められる[16]。ただし，Gr_a，Gr_g はそれぞれ大気，浮揚ガスのグラスホフ数，Pr_a，Pr_g はそれぞれ大気，浮揚ガスのプラントル数である。

以上で，気球の運動を記述する式がそろった。すなわち式(2.71)～(2.73)，(2.114)，(2.115)を与えられた初期条件のもとに解けば気球の挙動が得られることになる。次項では，地球上の成層圏気球を例にとり，いくつかの計算例を述べる。

〔2〕**上 昇 運 動**　図2.32に示した二つの曲線は，成層圏気球を，それぞれ昼間に打ち上げた場合と夜間に打ち上げた場合の典型的な計算の比較である。ここでは，初期浮力は平均上昇速度がほぼ5 m/sになるよう適正に与えられ，飛翔中に速度の補正のためのバラスト投下は行っていない。

気球は，対流圏をほぼ一定の速度で上昇する。対流圏界面を過ぎると，大気

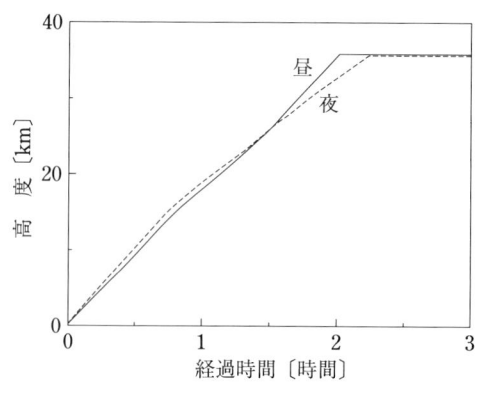

昼と夜の違いを示している。

図2.32　ゼロプレッシャー気球の上昇

の温度低下が止まりやがて高度ともに上昇する（成層圏大気の構造についての詳しい説明は 3.1.2 および 3.1.3 項を参照）が，浮揚ガスは断熱膨張によりさらに温度低下が続く．したがって，大気と浮揚ガスの温度差は拡大し，これが実質的な浮力の低下をもたらし，図に示したように，気球の上昇速度はこの付近で低下する．しかし，昼間は，日射があるため，**図 2.33**（a）に示すように，夜間と比較してこの温度低下は徐々に解消され，温度差はそれほど開かない．

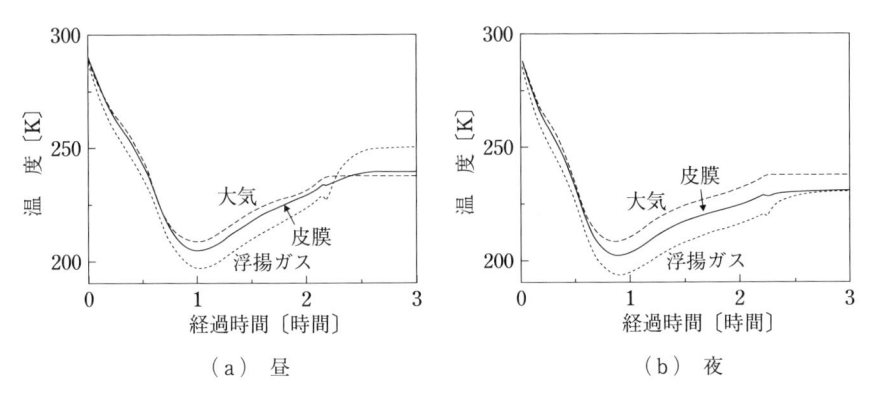

（a）昼　　　　　　　　　　　（b）夜

（a）と（b）はそれぞれ図 2.32 の昼と夜に対応している．
図 2.33　大気温度，気球皮膜温度，浮揚ガス温度の変化

また，気球に作用する鉛直方向の空気力は，気球の断面積に比例し，浮力は体積に比例する．したがって，高度が上昇するに従って，気球体積の 1/3 乗に比例して上向きの力が増大することになる．これは，気球体積の 1/6 乗に比例して上昇速度が大きくなることを意味する．このことと日射の両方の効果により，対流圏界面で減速した気球は，再び徐々に加速することになる．

一方，夜間に気球を上げると，日射による熱エネルギーの補給がないため，対流圏界面で開いた温度差は，図 2.33（b）の温度変化に示すように，なかなか縮まらない．このため，対流圏界面以降，気球の上昇速度は，あまり増大しない．したがって，下に冷たい雲があったりするとこの減速効果が大き過ぎて，気球の上昇速度が大きく低下することになる．したがって，このような過減速をさけるために夜間では，自由浮力を昼間より大きくすることがよく行わ

れる。図2.32や図2.33(b)の夜間の場合の計算では，自由浮力率を昼間に対して約2％多めにした計算結果である。

〔3〕 **浮遊高度付近の挙動**　図2.34は，図2.32の高度変化の一部を拡大したものである。図に示すように，気球は，浮遊高度の少し下から自由浮力分の浮揚ガスの排気を始めるが，浮揚ガスの温度は大気の温度より低いため，等温密度高度より下の高度で，いったん排気を終了して浮遊状態になる。このあと，浮揚ガスが暖まるに従って，何度か上下振動を繰り返しながら，最終的な浮遊高度に落ち着くことになる。

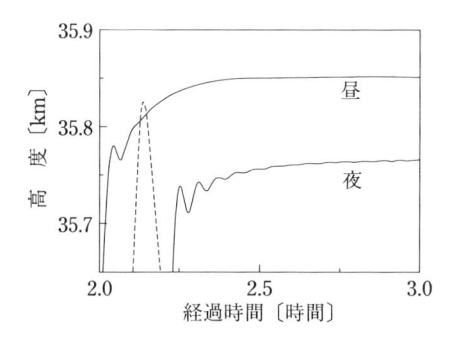

実線に示すように，気球は数回高度を上下させて水平浮遊高度に到達する。対応して浮揚ガスの排気も2〜3回に分けて生じる。破線は，断熱膨張による温度低下がないとした仮想的な計算結果を示す。気球の慣性運動により，水平浮遊高度を超えて上昇するため排気が過剰となり，最高高度に到達後，気球は下降を始める。

図2.34　図2.32の浮遊高度到達付近の拡大図

浮揚ガスの排気も，この振動に対応して複数回に分かれて行われる。昼間の場合は，太陽による浮揚ガスの温度上昇効果が大きいため，この上下動が少ないのが普通であるが，これらの飛翔の様子は，そのときどきの条件によっていろいろな変化をする。図に示した例では，昼間の場合は，排気して上昇速度が低下する間に浮揚ガス温度が上昇し振動が少ないが，夜間の例では，大気との熱交換に時間を要するため振動を繰り返している。

もし，上昇中のガス温度低下がなく，つねに $\tilde{T}_g = 1$ であると仮定すると図2.34の破線で示すように気球は浮遊高度に到達後，慣性運動によりさらに高い高度まで上がり，浮揚ガスを過剰に排気して気球は約1m/sの速度で降下を始めることになる。

〔4〕 **赤外放射の影響**　図2.35は図2.32や図2.33に示した二つの計算例について，皮膜および浮揚ガスへの熱の出入りを項目別に示したものであ

る。断熱膨張の効果は打ち上げ直後から浮遊直前までほぼ同一であるのに対して，吸収放射の熱量は，最初は非常に小さいが，高度が上がるにつれてしだいに大きくなり，断熱膨張による熱量より大きくなることがわかる。特に，赤外領域の吸収放射は，太陽エネルギーの吸収量よりも大きくなることが示されている。

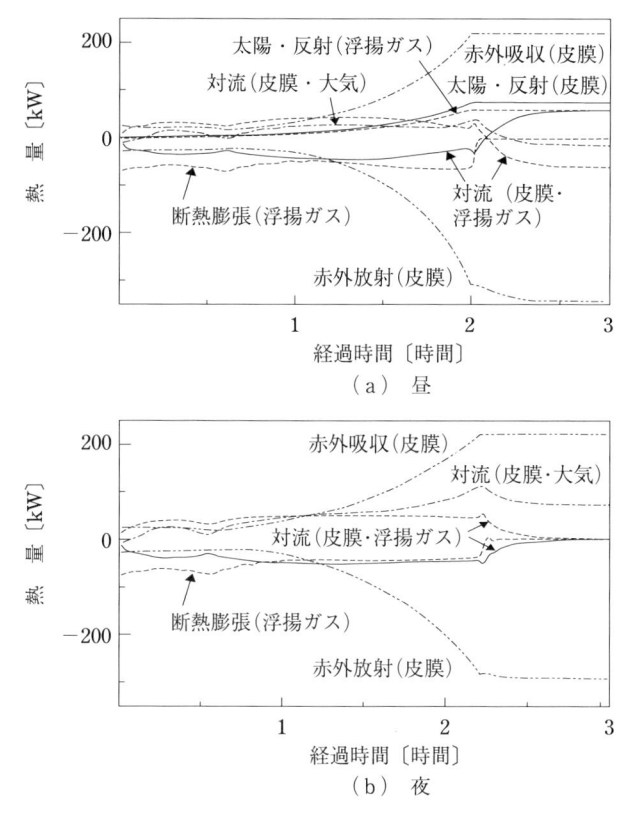

図(a)と図(b)はそれぞれ図2.32の昼と夜に対応している。

図2.35 気球皮膜と浮揚ガスに出入りする熱

気球の浮遊状態では，この太陽からの吸収量と地球からの赤外吸収と宇宙空間への赤外放射が平衡している。浮遊状態では，温度が変化しない限り，赤外放射の量は基本的には変化しない。しかし赤外吸収量は，気球からみた下の状

態が変化すれば大きく変わることが予想される。この典型的な場合は，下に雲がまったくない場合と冷たい雲で覆われた場合の違いである。

昼間の場合は，下が雲に覆われて，下からの赤外放射量が低下したとしても，太陽放射の雲による反射が，これを補う方向に作用するため，皮膜や浮揚ガスに吸収される熱量は大きくは変化せず，通常，安定に高度を保って飛翔を続ける。これに対して，夜間は，太陽放射がないため，下を冷たい雲が覆ったりすると，赤外吸収量が低下し，ただちに，皮膜の温度低下につながる。

図2.36は，この極端な場合を想定した計算例である。図の斜線で示した範囲で，気球の下が30分間で雲がない状態から雲に完全に覆われて，実効温度T_sが20℃低下したとした場合の結果である。このような極端な場合には，気球は実質的な浮力を失い，下降を始める。その定常的な最終下降速度は，0.3〜0.4 m/sに達する。ただし，雲がなくなり，赤外吸収が回復すれば，気球の降下は止まり，徐々に再上昇に転じるが，高度回復速度も同様に0.1〜0.3 m/s程度でありきわめて遅いことがわかる。

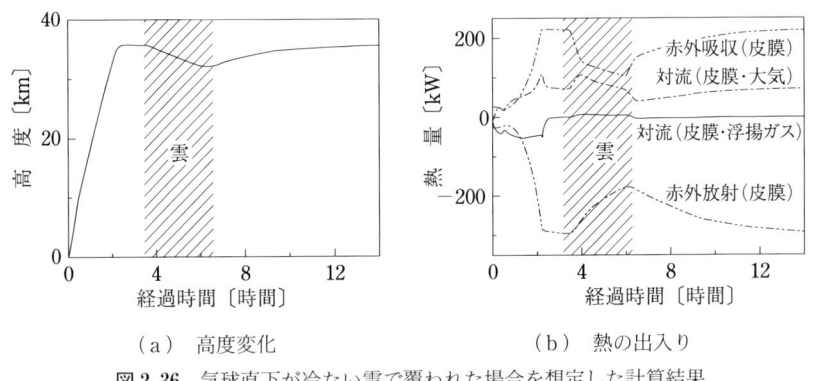

（a） 高度変化 　　　　　　　　（b） 熱の出入り

図2.36 気球直下が冷たい雲で覆われた場合を想定した計算結果

〔5〕**下降運動**　水平浮遊状態にある気球の高度を変更する場合は，上昇させるときはバラストを投下し，下降させるときは気球頭部に取り付けた排気弁を開いて中の浮揚ガスを排出する。

排気弁から浮揚ガスを排出して下降するときは，上昇時とは反対に，断熱圧

縮の効果により浮揚ガスの温度が上昇する．したがって，所定の浮力を失わせるために必要なガス量を排気して，ある下降速度を得たとしても，**図2.37**の数値シミュレーション結果に示すように，初期排気のみでは，ガス温度が上昇し下降速度は低下し，最終的には下降が止まることもある．そのときの温度変化を**図2.38(a)**に示す．

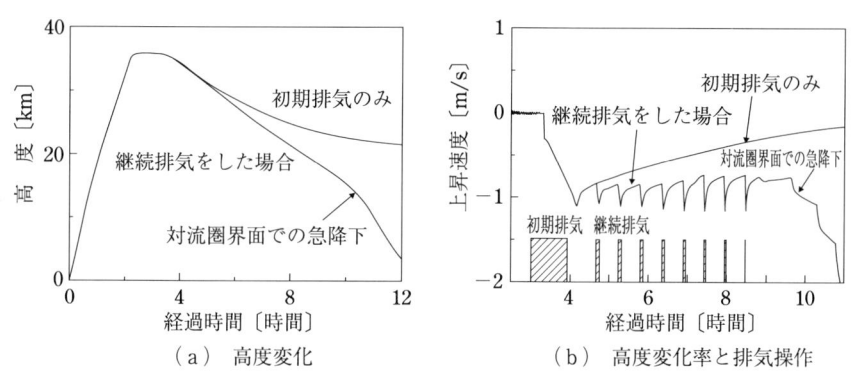

（a） 高度変化

（b） 高度変化率と排気操作

一定速度で降下させるためには継続的な排気が必要である．

図2.37　浮遊状態から排気弁を開いて下降するシミュレーション結果

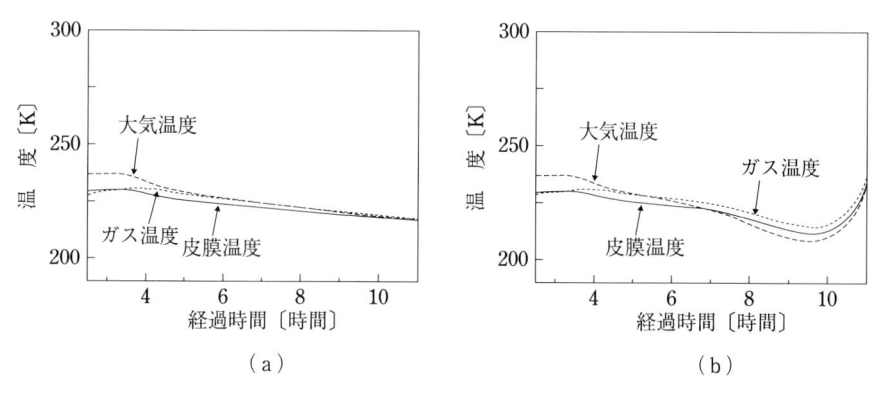

（a）

（b）

図(a)と図(b)はそれぞれ図2.37の初期排気のみの場合と継続排気を行った場合に対応している．

図2.38　大気温度，気球皮膜温度，浮揚ガス温度の変化

2. 気球の工学的基礎

したがって，一定の速度で気球を下降させるためには，継続排気が必要となる。通常使用する排気弁は流量制御ができないので，図2.37(b)の下側に示すように間欠的に排気を続けて，ほぼ一定の下降速度を保つようにする。そのときの浮揚ガスの温度は図2.38(b)に示すように，周囲の大気温度より上昇する。

以上に示した現象は，対流圏界面より上の高度で生じることであり，飛翔高度が対流圏界面を下回ると大気の温度が上昇に転ずるため，図2.37の継続排気を行った場合の例に示すように，継続排気を中止しても下降速度が急増して気球の下降を止めるのが困難になる。

3

成層圏気球

3.1 地球の大気

3.1.1 大気の組成

　以下では，気球を浮遊させる媒質である大気の構造と運動を概説する。気象学に立ち入った詳しい解説は文献（1）などを参照されたい。

　地球大気のおもな組成を**表 3.1**に示す。大気には数％以下の水蒸気も含まれているが，その量は場所と時間によって大きく変わるので，表からは除いてある。水蒸気を除いた空気の組成は高度 80 km 辺りまでほとんど変わらない。約 8 割を占める窒素は地球の誕生初期から存在したと考えられているが，約 2 割を占める酸素は緑色植物による光合成反応で水と二酸化炭素から生成されたと考えられる。地球大気がヘリウムより分子量の大きな窒素や酸素でおもに構成されていることは，気球を浮遊させるために有利な点である。

　二酸化炭素と水蒸気は，微量成分ではあるが，温室効果によって大気構造に

表 3.1 対流圏における大気組成

成分分子		体積比〔％〕
窒素	N_2	78.08
酸素	O_2	20.95
アルゴン	Ar	0.93
二酸化炭素	CO_2	0.035
ネオン	Ne	0.001 8
ヘリウム	He	0.000 52

大きく影響している．すなわち，地球表面は太陽光エネルギーを吸収し，暖まった地表面は宇宙空間に向けてエネルギーを赤外線として放出するが，二酸化炭素と水蒸気はこの赤外線の一部を吸収することによってエネルギーを大気に閉じ込める．このようなしくみで，地表面と低層の大気の温度は二酸化炭素や水蒸気が存在しない場合に比べて数十°Cも高く保たれている．

3.1.2 鉛直構造

大気は便宜上，図 3.1 のように気温の高度分布をもとにして複数の層に区分され，下から対流圏，成層圏，中間圏，熱圏と呼ばれている．

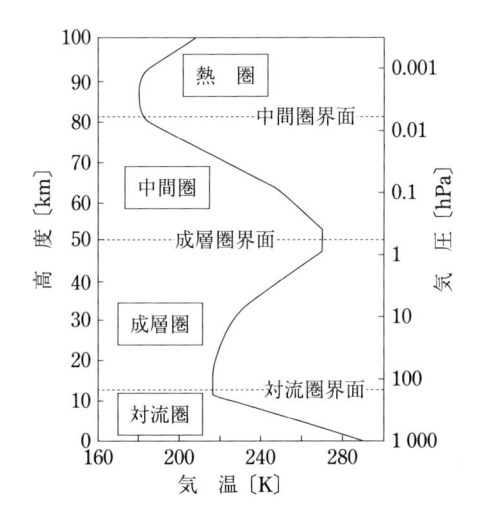

図 3.1 気温の高度分布と領域の区分

対流圏（troposphere）は，赤道域では約 16 km，高緯度では約 8 km の厚さをもち，活発な大気運動によって空気が上下方向によくかき混ぜられている領域である．低気圧や台風など日常的に経験される気象現象はそのほとんどが対流圏で生じている．対流圏では気温が高度とともに下がるが，これは先に述べた温室効果によって低高度の空気が暖められているためである．対流などの大気運動が熱を上向きに運ぶことも気温分布に大きく影響している．対流圏の上端を対流圏界面（tropopause）と呼び，その上には成層圏がある．

成層圏（stratosphere）は，高度約 50 km までの，高度とともに気温が上

昇する領域を指す．上側に暖かい空気があるため，成層圏では対流圏のような対流運動は起こりにくい．このような気温分布は，成層圏に微量に存在するオゾンが太陽紫外線を吸収して成層圏上部の空気を暖めることによって作られている．オゾン（O_3）は，紫外線によって酸素分子（O_2）が酸素原子（O）に分解され，この酸素原子が酸素分子と結合することによって生成する．図 3.2 に示すように，対流圏には到達しない波長 320 nm 以下の紫外線が成層圏には強く降り注いでおり，このような光化学反応を引き起こしている．成層圏において紫外線が強いことは気球材料の選択の際にも注意する必要がある．水蒸気は数 ppm（1 ppm は 100 万分の 1）しか含まれておらず，成層圏の大気は対流圏に比べると非常に乾いている．成層圏の上端を成層圏界面（stratopause）と呼び，その上には中間圏がある．

中間圏（mesosphere）は，高度約 50〜80 km の，高度とともに気温が下がる領域である．その上には熱圏（thermosphere）があり，気温は再び高度と

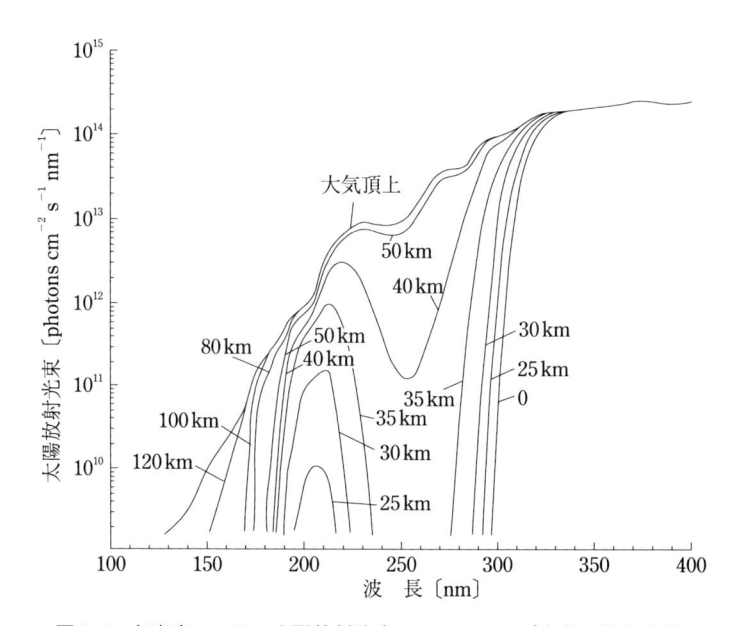

図 3.2 各高度における太陽放射強度のスペクトル〔出典：松野太郎，島崎達夫：大気科学講座 3，成層圏と中間圏の大気，東京大学出版会（1981）より〕

ともに上昇する。熱圏の空気は窒素分子や酸素分子が太陽紫外線を吸収することによって暖められている。

3.1.3 静水圧平衡

図3.1の縦軸には高度とともに気圧も示した。この図からわかるように気圧は高度とともに低下するが，このような気圧の分布はどのように決まっているのだろうか。ここで，**図3.3**のように大気中に底面積 S の鉛直な気柱をとり，その中で高度 z と $z+\varDelta z$ の間に挟まれた空気塊を考える。高度 z での気圧を p，高度 $z+\varDelta z$ での気圧を $p+\varDelta p$ と書くと ($\varDelta p<0$)，空気塊の上面と下面に働く気圧の差による上向きの力は $-S\varDelta p$ である。一方，重力加速度を g，大気の質量密度を ρ とすると，この空気塊には下向きに $g\rho S\varDelta z$ の重力が働いている。大気中ではこれら気圧の差の力と重力がおおむねつり合っており

$$-S\varDelta p = g\rho S\varDelta z \tag{3.1}$$

の関係が成り立つ。ここで $\varDelta z$ が小さい極限を考えると

$$\frac{dp}{dz} = -g\rho \tag{3.2}$$

のように気圧が高度とともに減少する割合が導かれる。この関係を静水圧平衡 (hydrostatic equilibrium) という。

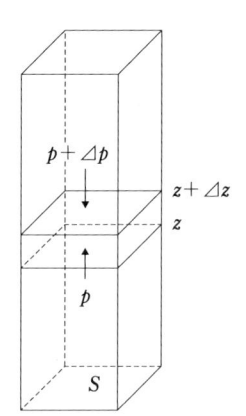

図3.3 空気塊の上面と下面に鉛直方向に働く力

つぎに理想気体の状態方程式

$$p = \rho RT \tag{3.3}$$

を導入する．R は気体定数で，大気の組成によって決まる量である．地球の乾燥空気の場合，$R = 287 \text{ JK}^{-1}\text{kg}^{-1}$ である．式(3.2)，(3.3)から

$$\frac{dp}{dz} = -\frac{gp}{RT} \tag{3.4}$$

を得る．地表面気圧を p_0 とおくと，上式から

$$p(z) = p_0 \exp\left(-\int_0^z \frac{1}{H(z')}dz'\right) \tag{3.5}$$

が導かれる．ここで

$$H(z) = \frac{RT(z)}{g} \tag{3.6}$$

はスケールハイト (scale height) と呼ばれる量で，長さの次元をもつ．スケールハイトは地球の対流圏や成層圏では 6〜8 km 程度である．

かりに気温 T が高度によらないとして，このときのスケールハイトを H_0 と書くと式(3.5)は

$$p(z) = p_0 \exp\left(-\frac{z}{H_0}\right) \tag{3.7}$$

となり，高度が H_0 だけ上昇するごとに気圧が $1/e = 0.368$ 倍になることがわかる．またこのとき大気密度 ρ についても同様に

$$\rho(z) = \rho_0 \exp\left(-\frac{z}{H_0}\right) \tag{3.8}$$

となる．ここで両辺を $z = 0$ から ∞ まで積分すれば

$$\int_0^\infty \rho(z)dz = \rho_0 H_0 \tag{3.9}$$

となる．式(3.9)の左辺は単位面積の地表面の上にある大気の鉛直積分量，右辺は大気密度が ρ_0 で高さが H_0 の気柱の質量を意味する．すなわちスケールハイトは，大気の鉛直積分量を地表面での大気密度の気柱で表した場合の気柱の高さである．

3.1.4 気温の緯度高度分布

つぎに，気温の南北方向の分布について述べる。日射（入射する太陽光）の量は地球の自転によって東西方向にはよく平均化されるのに対し，南北方向には大きく変化する。そのため，気温も東西方向よりも南北方向により大きく変化する。ここで，地球上の単位面積が1日の間に受ける日射量を考えてみよう。春分や秋分には，日射量は太陽が真上を通る赤道域で最も大きく，太陽の高度が低い極域で最も小さい。これに対して夏至や冬至には，夏の極は白夜となるために（太陽の高度が低いにもかかわらず）1日で平均した日射量は最大となり，冬の極は極夜となるために日射量はゼロとなる。

気温が緯度と高度についてどう分布しているのかを示したのが図 3.4 である。図は北半球が冬の場合であるが，北半球が夏の場合はおおむねこの図の左右を入れ替えたものとなる。上で述べたような日射量の傾向は，高度 20 km 以上の成層圏の気温分布にはよく反映されている。すなわち，成層圏では夏の極が最も暖かく，冬の極が最も冷たい。

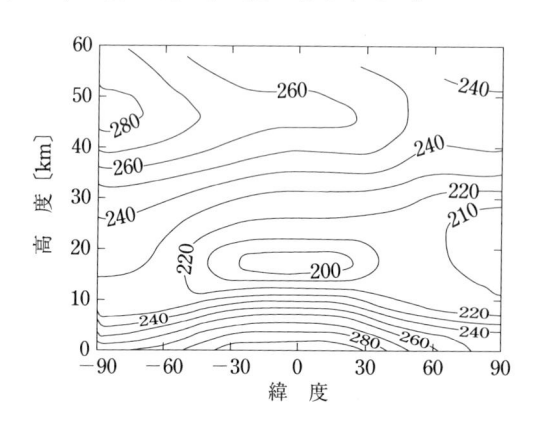

1992～2002 年の平均値

図 3.4　1月における月平均気温〔K〕の緯度高度分布（図の作成には英国気象庁 UKMO のデータを用いた）

一方，高度 10 km までの対流圏では，季節によらず赤道域が最も暖かく，極域が冷たい。これは，熱容量の大きな海洋が夏には熱を蓄えて冬には熱を大気に与えることや，雲やエアロゾルや大気そのものによって太陽光が減衰する効果が高緯度において大きいことが原因である。また，高度 15～20 km の対流圏界面付近では，逆に赤道域が最も低温となっている。これは，地表面や海

面の温度が高い赤道域では，対流がほかの緯度帯に比べて高いところまで到達し，対流圏界面がより高いところに存在することなどが原因である。

なお，上述のような気温分布はそれぞれの緯度におけるエネルギー収支だけで決まっているわけではない。大気中には，子午面循環と呼ばれる，南北方向や上下方向に大気を交換するゆっくりとした流れがある。子午面循環は，対流圏では赤道域から高緯度へ熱を運び，成層圏では夏半球から冬半球へ熱を運ぶことによって，南北方向の気温の変化を小さく抑えている。ただし子午面循環に伴う南北風速は数 m/s 程度かそれ以下であり，このあと述べる平均東西風や波動に伴う風速に比べて小さいため，日々の気象データから読み取ることは難しい。

3.1.5 東西風の緯度高度分布

コリオリ力（Coriolis force）という，地球の自転のために生じる見かけ上の力のために，風は高圧部から低圧部にまっすぐ向かう方向には吹かない。コリオリ力の簡単な説明としては，回転する円盤の上で水平にボールを投げることを考えればよい。円盤の上に乗っている人からはボールが横に曲がっていくように見える。すなわちボールの飛ぶ方向に直角に力が働いているように見えるが，これがコリオリ力である。コリオリ力は北半球では風が向かう方向に対して右向きに，南半球では左向きに働き，その大きさは緯度の正弦（sin）と風速に比例する。中緯度帯の大規模な風系においては，図 3.5 に示すように高圧部から低圧部に向かう気圧傾度力（pressure gradient force）とコリオリ力とがバランスするようにおおむね等圧線に沿って風が吹いており，このような

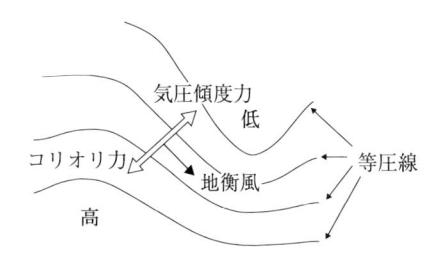

図 3.5 地衡風における気圧傾度力とコリオリ力の関係（北半球の場合）

風を地衡風 (geostrophic wind) という．北半球では高圧部を右側に見るように，南半球では低圧部を右側に見るように風が吹く．

なお，上部対流圏や成層圏の風はほとんど地衡風と考えてよいが，地表面の近くではコリオリ力と気圧傾度力のほかに摩擦力が無視できないため，風はもはや地衡風ではない．三者の力のバランスを考えると，風は高圧部から低圧部に向かって斜めに吹き込むことになる．地面の摩擦が及ぶ高度範囲は，地形や時期によるので一概にいえないが，典型的には 1～2 km である．また，たとえ摩擦を無視できる高い高度であっても，水平スケール数百 km 以下の小さな構造については地衡風が成り立たないことがある．

〔1〕 **対 流 圏**　図 3.6 は月平均東西風が緯度と高度についてどう分布

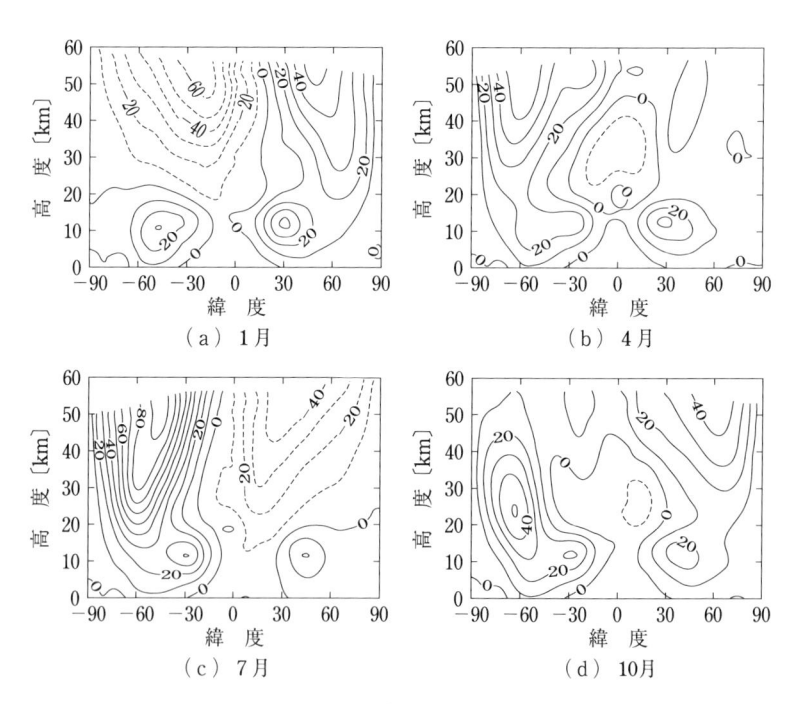

単位は [m/s] で，実線は西風(東向き)の領域を，破線は東風(西向き)の領域を表す．

図 3.6　各季節における月平均 (1992～2002 年) 東西風の緯度高度分布(図の作成には英国気象庁 UKMO のデータを用いた)

しているかを各季節について示したものである．対流圏では，赤道域が高温で極域が低温であるため，赤道域に高圧部，極域に低圧部が生じ，そのため地衡風の関係から中緯度の対流圏界面近くに偏西風と呼ばれる西風（東向き）が生じる．対流圏ではつぎに述べる成層圏に比べると季節変化が小さいが，偏西風の強さは南北両半球とも冬季に最大となる．

偏西風の特に強い部分をジェット気流といい，緯度30度付近の亜熱帯ジェット気流と，それより高緯度側の寒帯前線ジェット気流に分類される．亜熱帯ジェット気流は時間的にも空間的にも比較的変動が小さいので，図3.6のような月平均にも明瞭に認められる．一方，寒帯前線ジェット気流は中緯度から極域までの広い範囲に出現し，時間的にも変動が激しいため，この図では表現されていない．北半球の冬季，日本付近では亜熱帯ジェット気流と寒帯前線ジェット気流が合流して風速が強まり，100 m/sを超すことがある．

〔2〕 **成 層 圏**　図3.4からわかるように，成層圏では夏は高温，冬は低温というはっきりした季節変化がある．そのため，夏極から冬極に向かって気圧が減少するような気圧勾配が南北両半球に存在し，地衡風の関係から夏半球では東風（西向き）が，冬半球では西風（東向き）が生じる．春や秋には，赤道上で最も気温が高くなるため，対流圏と同様に赤道域に高圧部，極域に低圧部が生じ，そのため両半球に西風が生じる．

成層圏の高度約30 kmにおける東西風の季節進行を**図3.7**に示す．北半球

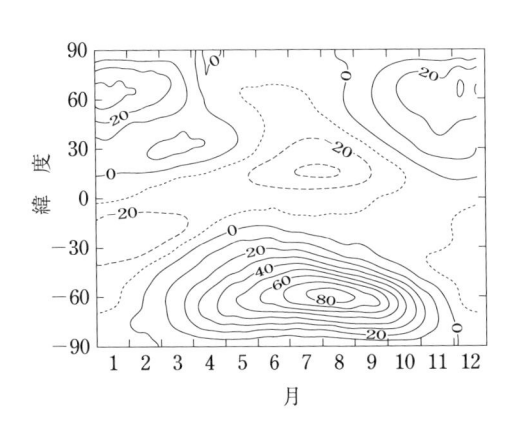

単位は〔m/s〕で，実線は西風（東向き）の領域を，破線は東風（西向き）の領域を表す．1992～2002年の平均値をさらに1週間ずつ平均したもの．

図3.7　10 hPa面（高度約30 km）での各緯度における平均東西風の季節変化（図の作成には英国気象庁UKMOのデータを用いた）

の緯度30度以上では，冬型の西風から夏型の東風に移り変わる際には高緯度から低緯度へと東風の領域が拡大していく。日本の上空（気球施設のある三陸地方，北緯39度）では，年により多少の違いがあるが，6月中旬に風向が変わり，7月下旬に東風が極大となる。この東風は，極域では7月ごろから衰退し，高緯度より東風の成分が弱まっていく。三陸地方上空では9月中旬ごろに再び東風が西風に変わる。

なお，図では示していないが，緯度15度以下の赤道域の成層圏には準2年振動（quasi-biennial oscillation）という現象がある。ほぼ1年ごとに東風と西風が交代するというもので，東風も西風も上層に始まり下層へ降りてくるという特徴がある。風速の極大は高度25 km付近にあり，ここでの変動の振幅は25 m/s程度である。周期は2～2年半くらいの間で変動し，平均して約26箇月である。準2年振動は，東向きの運動量をもつ大気波動と西向きの運動量をもつ大気波動による平均東西風の加速によって引き起こされると考えられている。

3.1.6 大気中の波動

これまで東西方向に平均した構造をみてきたが，気球の運用においては東西方向の変化も重要である。例えば日々の高層天気図でみられるように偏西風はつねに蛇行しており，その中にはさまざまな波動が含まれている。

〔1〕 **対 流 圏** 図3.8は対流圏上部のある日の気圧分布である。この図は300 hPaという気圧をとる面についての等高線を描いたものであるが，気圧は高度について単調に減少する関数なので，この図で高度が低いところは低圧部，高度が高いところは高圧部と考えてよい。地衡風の関係から，風はほぼ等高線に沿って蛇行しながら東向きに吹いており，等高線の間隔が狭いところほど風が強い。

等高線はかなり円形からずれてひずんでいる。ある緯度帯において東西方向にたどると気圧の谷（等高線が南にずれたところ）と気圧の峰（北にずれたところ）が繰り返しているが，これは大気中に波動が存在することを示す。波動

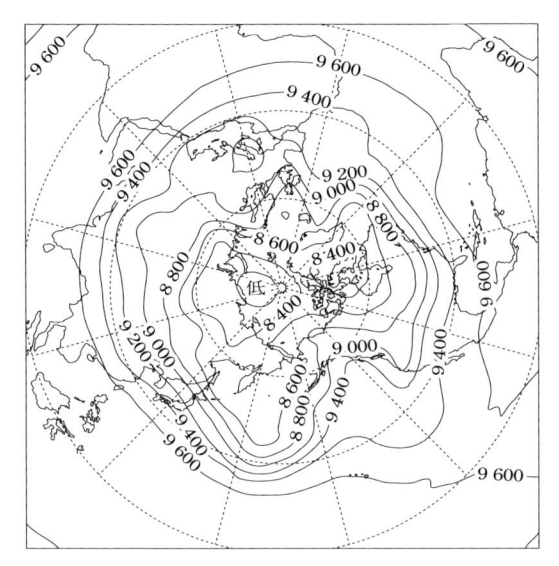

単位は〔m〕で，緯度と経度の格子間隔は30°

図 3.8 2002 年 1 月 15 日の 300 hPa 面（高度約 9 km）の等高度線（図の作成には英国気象庁 UKMO のデータを用いた）

の中には，月平均でも存在する波長 10 000 km 以上の大規模なものや，数日の時間スケールで変動する波長数千 km のものがあり，これらは重なって同時に存在する．前者は大陸と海洋の分布など大規模な地形の効果によって作られたものである．後者は傾圧不安定波と呼ばれ，低緯度側の暖かい空気と高緯度側の冷たい空気を交換することによって高緯度向きに熱を運んでいる．傾圧不安定波は地上に低気圧と高気圧を伴っており，日々の天気の変化をもたらしている．

〔2〕**成　層　圏**　　成層圏では比較的波長の長い波動が卓越する．図 3.9 (a)は冬の北半球におけるある日の気圧分布である．北極を含む低圧部を囲む等高線は大きくひずみ，アラスカ付近には高気圧が存在している．このような構造は，惑星波 (planetary wave) と呼ばれる波動が対流圏で励起されたのち成層圏まで伝わってきていることによる．惑星波は西風の中でしか鉛直伝播しないため，成層圏で西風が吹く冬季には存在するが，東風が吹く夏季には存

86   3. 成層圏気球

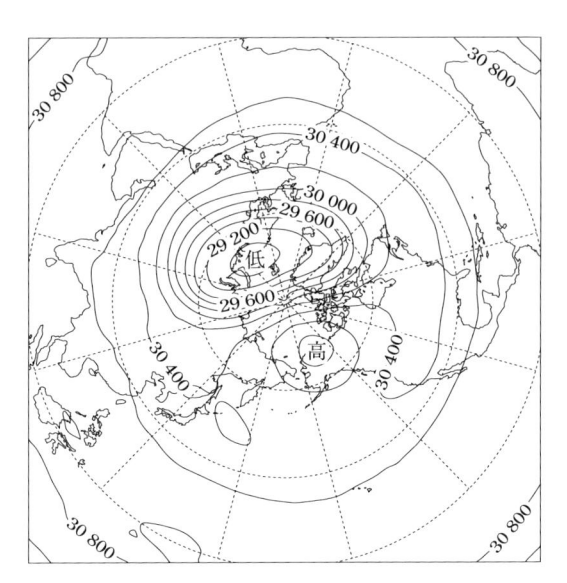

(a) 2002年1月15日

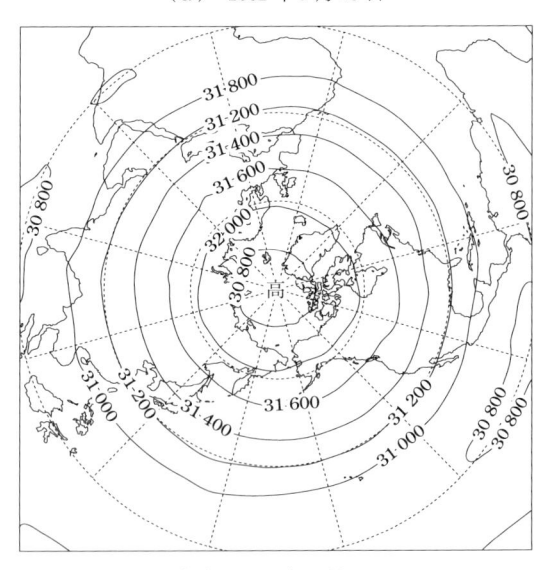

(b) 2002年7月15日

図 3.9　10 hPa 面(高度約 30 km)の等高度線(図の作成には英国気象庁 UKMO のデータを用いた)

在しない。図3.9(b)に示す夏の北半球の気圧分布は，惑星波が存在しないためにほとんど同心円状である。なお，南半球では冬季においても気圧分布は比較的同心円に近い。これは，南半球では北半球に比べて地形の起伏が小さいために惑星波が励起されにくいことが原因と考えられている。

　惑星波の活動の変動に伴い，北半球の冬の成層圏はしばしば大きく乱される。特に大規模な現象は突然昇温（sudden warming）である。もともと冬の成層圏を特徴づける低温域が極にあり，低気圧の周りを西風が吹いていたところに，中緯度に高気圧が現れて図3.9(a)のような状態を経て極域に侵入し，やがて北極は高温域となり高気圧の周りを東風が吹くようになる。極域の気温上昇は高いところで始まり，しだいに弱まりながら下へ移動する。それに伴って風向も，初めは全体が西風だったのが，上から下に向かって順に東風に変わっていく。ただし，この状態は長続きせず，やがて極の気温は下がり，再びもとの状態に戻る。

　以上に述べた惑星波や傾圧不安定波のほかに，大気中には重力波(gravity wave)という水平方向の波長が数〜数百kmの小規模な波動がいたるところに存在する。重力波とは，安定成層した流体中に存在する，浮力を復元力とする波動であり，水平方向と鉛直方向に振動する風を伴っている。この種の波動は天気図には現れていないが，成層圏では数m/s以上の風速振幅をもつものが日常的にみられる。一般に鉛直波長は数km以下，周期は数分〜数時間であるので，上昇中や水平浮遊中の気球の運動に振動成分として観察される。

3.2　気球のシステム構成

3.2.1　気球の構成

　成層圏気球の本体およびその周辺には，以下のような飛翔の制御に必要な機器と，航空保安用機器などが取り付けられる。

　〔1〕**排　気　弁**　　気球の頭部には，ガスを放出し浮力を減少させる制御弁としての排気弁(exhaust valve)が取り付けられる。3.5.3〔2〕項で述べる

ように，気球頭部にはロードテープや皮膜の終端処理をするため，円盤状のアタッチフィッティングの板があり，これを排気弁の取り付け台座とする．弁は電気モータまたはソレノイドバルブで開閉され，その指令は無線による遠隔操作，あるいはガス量を自動的に制御する搭載制御装置からの操作信号でなされる．

排気弁のおもな用途は
① 上昇速度が規定より速すぎる場合の減速
② 上昇途中での減速ないし停止
③ 水平飛翔から高度を下げる必要が生じた場合の浮力削減

である．

大気圧力が小さくなる成層圏では，気球の全容積に対する相対的排気速度は減少するので，直径 30〜50 cm ほどの大きな弁となる．特に急速な排気が必要となる場合は頭部の円盤を大きくし，複数個取り付ける場合もある．弁の形状は，取り付け位置に制約があるので，薄く軽量であることが望ましい．一般的には，図 3.10 に示すように，円形の孔が開いた台座に蓋(ふた)をする構造である．蓋を持ち上げた（ないしは，気球内部側に開いた）間隙からガスが排出される．

図 3.10　気球の頭部に取り付けられる排気弁

排気弁からの排気量 e_2 は式 (2.79) で求められる．通常，1 気圧の大気環境下で実際の排気流量を測定して，流れの収縮係数と速度係数の積である流量係数 c_2 を実験的に求める．地上での排気流量 $e_{2,0}$ は，気球内外の圧力差の 1/2 乗に比例するので

$$e_{2,0} = c_2 A_2 \sqrt{\frac{2(\rho_{a0} - \rho_{g0})g}{\rho_{g0}}} \sqrt{h_0} \tag{3.10}$$

で求められる.ここで,ρ_{a0},ρ_{g0} は地上における空気と浮揚ガスの密度,h_0 は気球内の内外圧力差が0となる位置から気球頭部までの高さである.

$e_{2,0}$ が求まれば,異なる高度における排気量は以下の式で求められる.

$$e_2 = e_{2,0}\left(\frac{p_a}{p_{a,0}}\right)^{1/6} \tag{3.11}$$

この式から,浮揚ガスの排気によって失われる単位時間当りの浮力は,以下の関係で示すように,その高度の大気圧と地上の大気圧の比の5/6乗に比例することになる.

$$\frac{dB}{dt} \propto e_{2,0}\left(\frac{p_a}{p_{a,0}}\right)^{5/6} \tag{3.12}$$

したがって,同じ量の浮力を失うために要する時間は,例えば高度35 km では地上の約70倍かかることになる.

宇宙科学研究所で用いている排気弁の性能を**表 3.2**に示す.

表 3.2 排気弁の性能

気球システム質量〔kg〕	浮力低下速度〔N/s〕			
	地上	高度 20 km	高度 30 km	高度 40 km
100	6.1	0.58	0.16	0.046
250	7.1	0.67	0.19	0.054
500	8.0	0.75	0.21	0.061
1 000	9.0	0.85	0.24	0.068

〔2〕 **バラスト投下装置**　飛翔中に搭載荷重を減少させる必要に備え,投下可能なバラスト(ballast)を積んでおく.上昇力を回復ないし増加させる唯一の手段であり,気球の飛翔を制御するための重要な装置である.搭載場所は,ペイロード部の中か下部,あるいはつり下げロープの途中に独立に取り付ける.

投下重量を任意に調節可能とするため,バラスト投下装置では,比重の大きい材料である,砂,鉄粒などを箱に入れ,底部に小さな孔をもった排出バルブ

を取り付ける。排出バルブは，排気弁と同様に電気的に駆動され，遠隔無線装置や搭載されている自動高度制御装置などによって操作される。排出バルブからのバラストの流出は砂時計と同じ動作となるので，流出重量は飛翔高度に関係なくほぼバルブの開いている時間に比例する。

〔3〕 **気球破壊機構**　気球の飛翔を終了するときは，3.2.2項の気球つり下げシステムで述べるように，気球のすぐ下で分離して搭載機器をパラシュートで降下させる。その際，気球をそのまま飛翔させ続けるのは危険であるため，同時に気球本体も破壊し，地上に降下させるのが通例である。

気球破壊機構（destruct device）の標準的方法は，図 3.11 に示すように，気球の頭部付近の皮膜に，逆 V 字状に強度のあるテープを貼り付け，その先端から細いロープを延ばし，気球頭部に仮止めをしたのちに気球底部を通ってパラシュート上端に結び付けておく。パラシュート降下とともに，このロープが引かれると，気球皮膜はテープに沿って引き裂かれ，破壊する。このままでは，パラシュート上部にこの引き裂き用ロープと皮膜の一部が付いてくる。この部分がパラシュートの動作に悪影響を及ぼすことを心配する場合には，ロープの途中に別途カッターを挿入することもある。

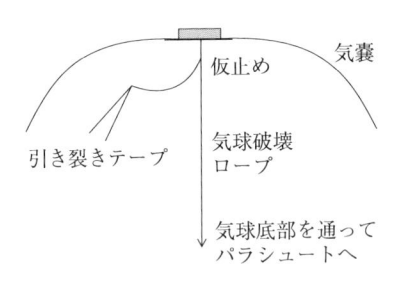

図 3.11　気球破壊機構

〔4〕 **航空安全対策機器**　成層圏気球が飛翔する高度は航空機の飛翔高度より高いが，上昇，下降の際には航空機の領域を通過する。その際の航空機に対する安全対策として，気球本体やその近傍に以下の機器を取り付ける。

（1）　**レーダ反射板**　航空機が発射するレーダ波を反射するよう，200～2 700 MHz までの電波の反射板を取り付けることが民間航空連盟（ICAO）の

規則で規定されている．通常，薄く軽い板で作られた一辺が 50 cm 程度のコーナーリフレクタを気球の底部付近に取り付けるが，補強のために気球に縦に挿入されているロードテープに電波を反射する繊維を加えて同等の機能をもたせる場合もある．

（2） フラッシュライト　　航空機のパイロットが気球を視認できるためのライトであり，気球底部付近またはゴンドラに付ける．そのほか，大型の気球には航空機の標準搭載機器の一つである航空用トランスポンダを搭載する場合があるが，この機器については 3.2.3 項の基本搭載機器で述べる．

3.2.2　つり下げシステム

気球底部からペイロード，すなわち観測あるいは実験機器を搭載したゴンドラをつり下げるひもおよびそれに関連するシステムの代表例を図 3.12 に示す．気球底部のフィッティング部の下部は，3.5.3〔2〕項で述べるようにリング状の金具となっているのが通例であり，ここにつり下げシステムを結合する．

つり下げシステムのおもな構成は，上部から順番に，分離機構，パラシュート，つり下げロープ，観測機器等搭載システムである．ただし，図のように搭載システムのなかで，気球の飛翔を制御する通信機器やバラスト投下装置などの共通機器を観測装置とは別のゴンドラとして二つに分けてつり下げるなど，搭載システムの構成には定まったものがあるわけではない．

わが国ではすべてを観測器とともに一つのゴンドラ内に収納するのが通例であり，NASA は気球制御用のエレクトロニクス装置を別の小型ゴンドラとし，CNES ではすべての共通機器を観測器とは別の独立のゴンドラにしている．ロシアの方式は，つり下げシステムの最下段に水平にバーを取り付け，目的別にパックされたゴンドラをつるす．

つり下げ用のロープは，搭載重量が比較的軽いわが国の場合は，ナイロンロープなどを用いているが，数トンのペイロードが多い NASA では 2 本ないし 4 本構成の強力なスチールワイヤを用いている．CNES は通常，2 本構成のベルトである．

3. 成層圏気球

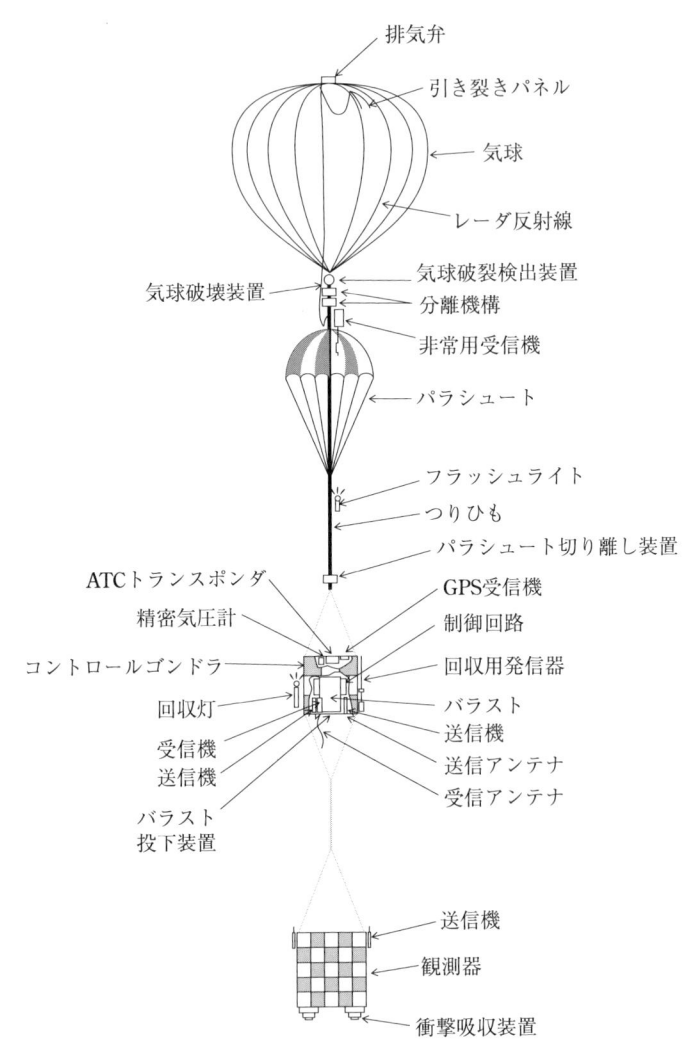

図3.12 気球からペイロードをつり下げるシステムの構成図

（図中ラベル：排気弁、引き裂きパネル、気球、レーダ反射線、気球破壊装置、気球破裂検出装置、分離機構、非常用受信機、パラシュート、フラッシュライト、つりひも、パラシュート切り離し装置、ATCトランスポンダ、GPS受信機、精密気圧計、制御回路、コントロールゴンドラ、回収用発信器、回収灯、バラスト、受信機、送信機、送信アンテナ、受信アンテナ、バラスト投下装置、送信機、観測器、衝撃吸収装置）

〔1〕 **分離機構**　気球の飛翔を終了する際に, パラシュートの上でつりひもを気球から分離する機構である. わが国では, この部分のつり下げロープを1本とし, そこに**図3.13**のように火薬の爆発力で切断刃物が押し出されるロープカッターを挿入している. **図3.14**は, スチールワイヤを使用している

3.2 気球のシステム構成

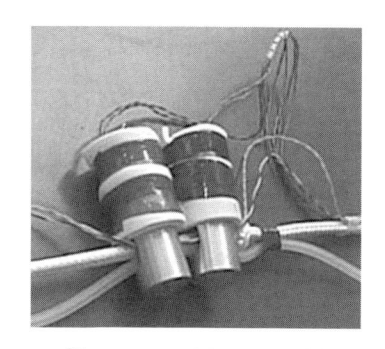

2個のカッターを用いた冗長構成により信頼性の向上を図る。

図 3.13 ロープカッター

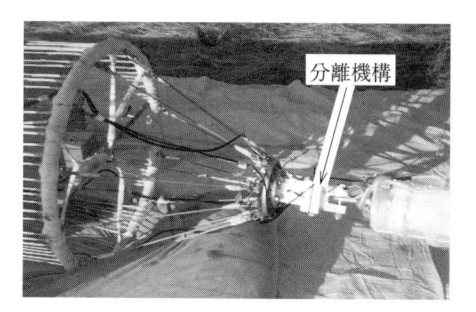

右側が気球底部，左側がパラシュートの頭部

図 3.14 NSBFの分離機構(提供：NASA/NSBF)

米国NSBFが用いているもので，気球側，搭載機器側双方の部品を固定用ブロックで挟み，ワイヤロープで固定しておき，このロープを火薬によるカッターで切断する。切断後は，機構部品に引っかかりがなく，すべてが分離するので信頼性が高い。なお，後述する安全・保安の項（3.4.7項参照）でも述べるが，この分離機構は気球の飛翔を安全に終了させるための重要な装置であるので，二重化など信頼性の確保が特に指定されている。

なんらかのトラブルで気球が突然破壊し降下を開始するという非常事態では，できるだけ速くこの分離機構を作動させ，パラシュート降下に移る必要がある。遅れると，破壊した気球がパラシュートに覆い被さり，分離しても開傘せず，搭載機器が自由落下する恐れがある。こうした危険な事態を避けるため，欧米では，分離機構の上部に荷重センサで構成される気球破壊検出装置を付け，気球の浮力が失われたことを検出したらただちに分離機構を作動させるシステムを導入している。

この分離機構とそれに指令信号を送るコマンドシステム（3.2.3項参照）などを含めて，飛翔終了装置（flight termination device）とも呼ぶ。

〔2〕 **パラシュート** パラシュートは，航空機などでの用法と異なり，通常は図3.12に示すように，パックされずにつり下げシステムの途中に延ばした状態で取り付けられる。したがって，気球から分離した後は展張プロセスが

なく，スムーズに開傘する。パラシュートの吊索（ちょうさく）(suspension line)・ライザ(riser) をつり下げ用ロープの一部として用いる場合もあるが，加わっていた荷重が分離とともに失われると，吊索が収縮して傘体（canopy）を変形させ，開傘動作を阻害する恐れがある。このため，別につり下げ用ロープを中心に通す場合もある。

パラシュートの傘体形状は，平面円形傘（flat circular parachute）がよく使用されるが，降下中のペイロードの揺れを少なくし安全に着地させるために，スロット付パラシュート（slotted parachute）や，十字傘（cross parachute）などを使用することもある。

パラシュートを含むペイロード質量（パラシュートシステム質量）を m_p，パラシュートの抗力係数と実効面積の積を $C_{Dp}A_p$，降下速度を v_p とすると，垂直方向の運動方程式は

$$\frac{dv_p}{dt} = g - \frac{1}{2}\frac{C_{Dp}A_p}{m_p}\rho_a v_p^2 \qquad (3.13)$$

と表される。地上での降下速度 v_{p0} を指定すれば，単位質量当りの抗力面積(drag area) は

$$\frac{C_{Dp}A_p}{m_p} = \frac{2g}{\rho_{a0}v_{p0}^2} \qquad (3.14)$$

となる。ただし，ρ_{a0} は地上における大気密度である。最終降下速度は，通常の貨物用パラシュートの降下速度である 7 m/s 程度が選ばれている。いま，パラシュートが自由落下を始めてから t_f 秒後に瞬間的に開くと考え，パラシュートの開傘時に生じる最大加速度を求めると

$$\frac{1}{g}\frac{dv_p}{dt} = 1 - \frac{g^2 t_f^2 \rho_a}{v_{p0}^2 \rho_{a0}} \qquad (3.15)$$

となる。

大気密度の小さい成層圏で降下が開始するため，気球との分離から開傘までには 3〜5 秒間の自由落下がある。したがって，式(3.15)から最大加速度を求めると，高度 30 km 以上では，1 G 以下と小さく，高度 20 km 程度になると 3〜4 G 程度となる。したがって，パラシュートおよびつり下げシステムの強

度は，開傘衝撃5G程度に耐えられるように決められる．実際の降下計算では，高度によって異なる横風，パラシュートの抗力面積の変化を考慮する必要がある．

　着地場所が平坦で障害物がない場合，地上風が強いと，パラシュートは開いたままとなって観測器を引きずり破損させる恐れがある．そうした事態を避けるため，着地後にパラシュートを完全に分離するか，ライザの一部を切断してパラシュートを萎ませる方法がとられることもある．

　〔3〕 **観測・実験装置**　　つり下げシステムの最下段に観測・実験装置が取り付けられる．特に定まった方式はなく，目的に合わせてつりひもを結合する．注意しなければならないのは，前項で述べたパラシュートが開傘する際に発生する5G程度の衝撃に耐えられる設計とすることである．

　〔4〕 **回収用衝撃吸収装置**　　パラシュートで着地する際の衝撃から観測機器を守るために，ゴンドラの底部には衝撃吸収材（crush pad）が取り付けられる．通常，そうした目的のために製造されている軽量ハニカム構造の段ボールを必要な段数だけ積み重ねて用いる．**図 3.15**に衝撃吸収材を取り付けた観測器の外形を示す．

図 3.15　着地衝撃の吸収材を底部に取り付けたゴンドラ

3.2.3 基本搭載機器

飛翔目的によらず，共通に搭載する機器類を基本搭載機器と呼ぶ。

〔1〕 通 信 機 器

（1） データ伝送システム　気球の飛翔を制御・管理する機器の動作状態および観測機器からの出力データを地上局に伝送するシステムであり，テレメータとも呼ばれる。初期の段階では，複数のアナログ信号を多重FMに変調して伝送する方式であったが，エレクトロニクス技術の進歩とともに，ディジタル伝送方式が取り入れられている。基本的には，ロケットや衛星の同種の機器と機能としては同一であり，若干簡易な構成である。

システム構成は，多数項目の入力信号を順次ディジタル化し，一定の規則に従ってデータとして配列するエンコーダ部とその出力を受けて搬送電波に変調を加えて送信する送信部，およびアンテナと電源部からなる。気球の飛翔を制御・管理するデータと科学観測データは，それぞれ送信部も含めて独立の機器で伝送するのが通例であるが，簡易な実験では同一のシステムに混在させる場合もある。

（2） コマンド受信・実行システム　地上局からの指令電波を受信し，指令内容を解読して実行するシステムである。コマンドの形式は，リレー接点によるオン・オフか，シリアルデータである（図3.16参照）。こうした通信機器としての機能は，前記のデータ伝送システムと同様に，ロケットや衛星と同一の機能である。機能の内容は気球の飛翔を制御するコマンドと搭載観測機器を制御するコマンドに大きく区分される。

気球の飛翔を制御する主要なコマンドとしては，バラストの投下と排気弁の開閉による浮力操作と気球の飛翔を終了し，観測機器をパラシュート降下する操作である。いずれも，気球の飛翔の安全性，信頼性に関わる重要な機能である。特に，飛翔の終了動作の実行には，高い信頼性が要求されるので，システムの多重化が図られることが多い。宇宙科学研究所では，飛翔終了用の小型のコマンド受信機を気球底部に独立に取り付けている。搭載機器の中にあるメインのコマンド受信機にも同じ機能が含まれており，飛翔終了コマンドの2重化

(a) コマンド受信機
(b) データ伝送システム（テレメータ） 
(c) ATCトランスポンダ 
(d) GPS受信機 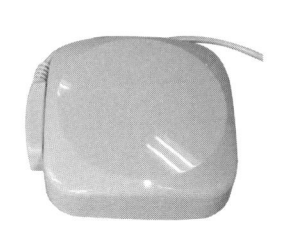

図 3.16　気球システムに搭載される通信機器

が図られている。

〔2〕**測位システム**　飛翔中の気球の現在位置を気球上で連続的に測定するシステムである。衛星を用いた測位システムであるGPS (Global Positioning System) が実用に供せられて以来，気球の飛翔位置の測位にもほぼこの方式が採り入れられている。気球の飛翔速度は遅いので，搭載するGPS受信機としては，特別なものではなく，通常の小型受信機で十分である。出力される位置データは，データ伝送システムで地上局へ送られる。

〔3〕**ATCトランスポンダ**　この装置の正式名称は航空交通管制用自動応答装置（ATCRBS）であって，航空管制用に航空機に搭載される標準品である。内部に送受信装置をもち，気圧高度計を搭載している。装置ごとに航空

機識別符号（DBC）が付与され，それを設定するスイッチがある。

ATCトランスポンダが航空管制システムの二次監視レーダ（SSR）からの照会電波を受信すると，識別符号と高度情報を返送する。その結果，気球の位置はほかの航空機の情報と同様に，航空管制官のレーダ画面上に識別符号および高度数値とともに表示される。したがって，気球は完全に航空機の航路管制業務の中に組み込まれ，安全が確保される。使用周波数は，1030 MHz（受信）と1090 MHz（送信）である（図 3.16(c)参照）。

〔4〕 電　　源　　搭載機器の消費電力にもよるが，通常，飛翔時間がたかだか 2～3 日の場合は，一次電池か二次電池を電源とする。1 週間以上の飛翔期間となると，消費電力が大きい場合には，衛星と同様に太陽電池システムの利用が図られる。

3.2.4　オプション機器

〔1〕 **観測器の方向制御**　　天体観測などでは，観測機器を目標に向ける制御システムが必要となる場合が多い。その機能は天文衛星などでの姿勢制御と目的は同じである。軌道上を回る衛星の場合は，無重量状態で外乱量が少なく，かつその時間変化も遅いが，気球の場合は，変動周期が数十秒と速いつりひも周りの振り子運動などがあり，精度の高い制御の妨げとなる。こうした外乱は，地球引力のもとにあるための現象であるが，その一方で観測器の姿勢の 1 軸が決まっていることとなり，姿勢決定に際しては有利となる。

方向制御システムは観測ごとに要求に合わせて開発されるのが通例であるが，基本的な装置で広く共通の利用に供するものは気球側で用意する場合もある。よく用いられるものとしては，観測装置を搭載したゴンドラ全体のつりひも周りの方位角を制御する装置である。

方式としては

① 　つり下げシステムの途中にモータを挿入し，気球を足場にゴンドラを回転させるもの

② 　衛星と同様に，ゴンドラ内で角運動量を制御して回転力を発生させゴン

3.2 気球のシステム構成

ドラを回転させるものがある。

①の方式は，装置は簡単であるが，長いつり下げ用ロープをねじって回転力を発生するため，速い応答速度を得るのが困難である。②の方式のための駆動装置としては，衛星と同様のリアクションホイール（reaction wheel）を用いることが多い。ゴンドラに加わる外乱角運動は，先に述べたように衛星に比べて大きいため，制御精度を増大させようとすると，フライホイールのサイズあるいは駆動モータのパワーが増加する。こうした点から，CMG（control moment gyro）も有効である。CMG は，大型ホイールを高速で回転させて大きな角運動量をもたせたジャイロをジンバルに乗せて回転させることで，ジャイロ効果による大きなトルクを得る駆動装置である。

観測対象を 2 軸に追尾する場合は，（1）上記方位角を制御したゴンドラの上で観測器の仰角のみを制御するか，（2）観測器の重心位置に 2 軸ジンバルを取り付けてつり下げシステムよりつるし，観測器と直交する 2 軸方向に回転自由度をもたせ，観測器全体を回転させる方式が採られる。当然，後者は大規模システムに適用されるものである。

図 3.17 は，恒星赤外観測用望遠鏡であって，観測器全体の方位角を CMG で制御した例である[3]。また，図 1.3 に示した米国の Stratoscope II が 2 軸ジンバルを備えた 2 軸制御の例である。

図 3.17 秒オーダの精密な追尾機能を備えた恒星赤外観測望遠鏡（駆動装置には CMG を用いている）

〔2〕 **観測器の巻き下げ** つり下げシステムの長さは通常 20〜30 m 程度であるが，頭上にある気球本体が観測の障害となる場合には，それより長くペイロードを気球から離す必要が生じる．他方で，あまり長いつり下げシステムは放球作業の障害となる．そこで，つり下げシステムに小型のウインチを取り付け，放球後に作動させてペイロードを巻き下げる．作動距離が数百 m となる場合には，ポテンシャルエネルギーを熱エネルギーとして放出する冷却システムに工夫を要する[4]．

3.2.5 環境対策と事前試験

軌道上の衛星と比べれば，真空度や放射線環境はさほど厳しくないが，日中の太陽照射エネルギーは強く，夜間は宇宙空間への赤外放射に加え，低温の大気への熱伝達による冷却効果が加わるので，熱環境対策には十分配慮しなければならない．通常露出する機器には白色ペイントを塗装するか，ウレタンフォームなどを貼って熱的に保護する．衛星で用いるサーマルインシュレータと呼ばれる多層膜断熱材であれば，簡便なものでもより効果的である．

事前の動作試験は，地上大気環境下では不十分であり，50 hPa 以下の減圧下での低温テストは不可欠である．また，機器は衛星同様に密着して搭載されるので，相互の電磁干渉には注意を要する．特に，コンピュータなどのディジタル機器から発生するノイズがテレメータやコマンドおよび測位システムの動作を損なうことがあり，場合によっては飛翔の安全対策上重大な影響をもたらす．そのため，放球以前に十分な管理プログラムのもとでの慎重なテストが必要である．

3.3 地上設備

3.3.1 放球場

〔1〕 **立地条件** 気球を放球する基地の立地条件は，地上に対する安全性の確保と円滑な放球作業を確保するため，以下の要件を満たす必要がある．

① 周囲に人口密集地域や安全・保安上重要な施設などがないこと
② 実験要員，機材，高圧浮揚ガスの輸送が容易であること
③ 実験シーズンには地上付近の風が弱く，方向の変動の少ない気象条件が多いこと
④ 水平飛翔する経路下に大都市や重要施設がないこと
⑤ 安全かつ確実に搭載装置を回収できる飛翔終了地域が確保できること
⑥ 航空管制業務の障害とならないこと
⑦ 国境までの距離が長いこと

①は放球時のトラブルに備えた要件であるが，あまり不便な地で②の要件を欠くことはできない。③は円滑な放球作業のための要件である。④の要件は，水平浮遊する成層圏の風は東西成分が卓越しているので，南北方向への変動も考慮したベルト状の飛翔地域が対象となる。さらに，山岳地帯などでは搭載装置の回収が困難であるため⑤の条件が加わる。気球の上昇と飛翔終了時には航空機の飛翔高度を横切るので⑥の条件が生じる。近年民間航空の増加は著しいため，気球にとってこの点は厳しい環境となっている。⑦の要件は，気球も航空機と同様に他国の領空には許可なしに侵入できないためである。したがって，事前の国際的了解のもとに行う飛翔のための放球はこの限りでない。

上記の要件を満たすため，放球場は荒地や人口密度の低い広大な農業・牧畜地帯に設けられる。上記の要件を満たすことが困難となったと判断して，大型気球実験を中止した国もある。

わが国は，国土が細長い島国であり，人口密度も高く，大都市も広く分布しているので，必ずしも上記要件を満たすには有利でない。1966年以来，宇宙科学研究所は，北緯39.16度，東経141.82度に恒久的気球基地を設置して実験を進めている。三陸海岸から2kmほど内陸の山地に入った場所である。放球場も狭く，国際的には例外的環境であるが，種々の工夫をして対応している。気球の飛翔の終了と回収も，内陸では危険が大きいため，すべて海上で実施することにしている。

日本（宇宙科学研究所），米国（NASA/NSBF），フランス（CNES），スウェーデン（SSC/ESRANGE），インド（TIFR）の気球放球場の写真を口絵6に示す。日本，米国，フランスは中緯度に位置し，スウェーデンは北極圏（北緯68度），インドは赤道近く（北緯17度23分）に位置する。

〔2〕**設　備**　大型の気球では，パラシュートなどのつり下げシステムを含めた地上での長さが200 m以上になる。気球の放球に際しては，下部につり下げられる観測システムがスムーズに引き上げられる必要がある。そのためには，3.4.2項で詳しく述べるように，拘束を解かれて上昇を始めた気球の頭部が地上風に流されながら上昇するのに合わせて，観測器の位置を適切に移動させるのが一般的放球方法である。

このため，放球フィールドは，1辺が少なくとも気球システムの全長の数倍あることが望ましい。気球を置く地面は，舗装されている場合が多いが，未舗装の上にシートを敷く程度でも十分実験ができる。飛行便数の少ない飛行場を利用する場合もある。放球フィールドに隣接して気球システムの組み立て，整備を行う建屋，ペイロード整備用建屋，ランチャーやガスコンテナなどの重機の置き場が設けられる。

3.3.2　通　信　設　備

飛翔中の気球と通信する設備は，通常，放球場内または近傍の場所に設けられる。必要とする機能は，広い受信範囲の確保と安定した通信である。その受信範囲を超えて気球を飛翔させる場合には，途中に中継局を設ける。近年，衛星通信技術の発達により，地上局を用いず，直接衛星経由で通信を行う試みも進んでいる。

気球に大電力の送信機や口径の大きな指向性アンテナを搭載するのは得策ではないので，数ワットの小電力の送信機に，無指向性アンテナを付けて搭載するのが通例である。一方，地上側の通信アンテナは，利得の高い大型のものにして見通し距離内での安定な通信を実現する。

〔1〕**地上局からの見通し距離**　成層圏を飛ぶ気球が地上局から見て水平

線の下に隠れるまでが直接通信可能な距離である．簡単に，地球を球として考え，地表面を平坦とした場合の見通し距離 $L_{\max}$ は

$$L_{\max} = L_1 + L_2 \tag{3.16}$$

ここで

$$L_1 = R_{er} \tan \theta_1 \tag{3.17}$$

$$L_2 = R_{er} \tan \theta_2 \tag{3.18}$$

$$\theta_1 = \sin^{-1}(R_{er} + H_g) = \cos^{-1}\left(\frac{R_{er}}{R_{er} + H_g}\right) \tag{3.19}$$

$$\theta_2 = \sin^{-1}(R_{er} + H_{bal}) = \cos^{-1}\left(\frac{R_{er}}{R_{er} + H_{bal}}\right) \tag{3.20}$$

であり，R_{er} は地球の半径，H_g は地上通信局の設置高度，H_{bal} は気球の飛翔高度である．L_1 は地上局から水平線までの直線距離，L_2 は気球から水平線までの直線距離となる．

L_1 は受信アンテナの設置の高さが高いほど，L_2 は気球の飛翔高度が高いほど長くなる．例えば，基地局の高度 500 m，気球高度 30 km では，L_1 は 80 km，L_2 は 620 km となり，合わせて 700 km である．

さらに実際上の問題として，水平線近傍での電波の回折と大気中の電波伝播の屈折効果で通信距離は延びる．他方，遠距離になるとともに地表面からの反射波との干渉により通信は不安定となる．特に海上を飛翔する場合は，海面からの反射率は陸上より大きいため，影響が顕著となる．

〔2〕**通信アンテナでの気球追尾** 地上局の高利得アンテナは，当然ビーム幅が狭い指向性アンテナである．そこで，気球をビーム内に捉えるためにアンテナを2軸の駆動架台に搭載し，指向方向を制御する必要がある．気球の追尾には，通常，以下のいずれかが用いられる．

(1) **手動追尾** 気球の運動は遅いため，放球直後を除きロケットを追尾するほどの高速性は必要ないので，ジョイスティックなどを用いて手動操作で受信感度の高い方向に向ける．

(2) **自動追尾** ビームの指向方向を微小に変化させるか，わずかにずれ

た複数のビームを用いて，電波の最も強い方向からの偏差を信号処理で求め，制御技術によりアンテナの架台を駆動し，最も電波の強い方向を自動的に指向する。当然，(1)の方式に比べ，受信機およびアンテナ架台の機能は複雑となり，高価となる。

(3) GPS 測位の利用　3.2.3〔2〕項で述べたように，GPS 受信機を気球に搭載すれば，衛星を利用して気球の絶対位置（緯度，経度，高度）が求められる。その位置情報をテレメータで地上基地に伝送すれば，既知の地上局の位置（緯度，経度）から気球の方向（仰角，方位角）は簡単な計算で求められる。架台の角度をこの計算結果の角度となるように制御すれば，アンテナのビームは気球を指向する。自動的に追尾するのは(2)の方式と同様であるが，アンテナの指向方向の求め方が簡便であり，架台の制御も指令値に合わせる簡単な角度設定サーボであるので，制御技術は格段に容易である。受信機も特別な機能が不要で，システムは安価となる。しかも，気球が遠方に行っても角度検出精度は低下せず，信号が微弱となっても，復調して GPS データが得られる限界まで確実に追尾できることも利点である。

図 3.18 は，三陸大気球観測所の通信設備の外観とレドーム内部に設置され

　　　　(a) 通信施設　　　　　　　　(b) パラボラアンテナ

レドームの中に口径 3.6 m のパラボラアンテナがある。

図 3.18　三陸大気球観測所の通信施設（提供：宇宙科学研究所）

ている気球自動追尾機能をもったテレメータ通信用のアンテナである。

〔3〕**中継局**　地上局の見通し範囲を超えて気球を飛翔させる場合には，その予想航跡上にあらかじめ中継局を待機させて通信範囲の拡大を図る。中継局は，簡単な固定型や自動車に設置した移動型がある。そこで受信したデータはモデムやインターネット回線を通じて基地局に送られる。**図 3.19** は，宇宙科学研究所の車載型の移動観測車であって，おもに三陸海岸から気球を上げた場合に，日本海側の受信範囲を確保するために用いられる。

図 3.19　気球との送受信機能を備えた移動観測車
　　　　（提供：宇宙科学研究所）

〔4〕**衛星通信などの利用**　後述する1週間以上の観測を実現するための大洋横断飛翔や極域での周回飛翔では，中継局を設置するよりも人工衛星を利用して常時気球と通信し，気球の制御と観測データの取得を行うことが有効である。すでに NASA では，衛星との通信を中継する専用衛星，TDRS (tracking and data relay satellite) 衛星の利用を進めている。

静止軌道にあって，船舶や地上移動体との商用通信を行う衛星，インマルサット，の利用も試みられている。わが国でも，同種の通信を行う試験衛星，ETS-V，を用いて気球-衛星間の飛翔通信実験を行っている[5]。ただし，静止

軌道は気球からの距離が長いため，高速データ伝送には，指向性アンテナで利得を上げる必要があり，アンテナを気球から衛星に指向させる制御が必要となる。

　静止軌道より低い軌道に複数の衛星を配置して，携帯電話の機能を実現しようとの計画（例えば，イリジウム計画）があった。経営上の問題から普及しなかったが，そうしたシステムでデータ通信を行うサービスが計画されており，その場合は既成の携帯電話機にデータ通信アダプタを接続する程度で通信が可能となる。ただし，そうした，携帯電話のような商用通信システムは，気球専用の回線が確保されているわけではないので，大型気球を飛ばす上で，通信の確実性，信頼性に関しては議論のあるところである。

3.3.3　そ の 他

　上記以外の主要設備としては，気球搭載機器の準備と調整を進める建屋と内部設備，浮揚ガス関連設備および地上気象のモニタ設備がある。浮揚ガスは，大型気球では大気圧換算で $1\,000\,\mathrm{m}^3$ 以上の量が1回の放球で必要であるので，通常150気圧程度の高圧ボンベに詰めて実験場に貯蔵しておく。

　実験場付近の地上気象条件，特に風速・風向の把握は，気球を放球する際に不可欠である。地上付近は，通常のウィルソン型風向風速計などが用いられる。また，簡便な手段として，100 m 程度の係留ひもで小型のゴム気球を上げておき，その挙動から気球の高さに相当する高度付近までの地上風を把握することもよく行われる。電波，あるいは超音波を上方に放射し，その反射波から上層の大気の運動を観測するウィンドプロファイラ（wind profiler）と呼ばれる比較的高価な装置を導入する試みもある。

3.4　放 球 と 飛 翔

3.4.1　気象情報の収集と利用

〔1〕高層気象情報の必要性と気球実験における気象班の役割　　打ち上げ

られて地上を離れた気球は，その時点で気球の浮いている場所の風とともに移動することになる。その飛翔速度や航路の変更は，3.4.3項で詳しく述べるように，基本的には，浮揚ガスの排気とバラスト投下の二つの手段によって高度を変更する結果として，現在とは異なった風を捕まえることによってのみ可能となる。

このようなことから，飛翔時の安全性を確保するためにも，打ち上げ前や飛翔中には高層気象の実況情報はもちろん，予報情報が欠かせない。そうした，任務を実施するため，気球実験チームには気象班を置くのが通例である。場合によっては，専門家を加えるか，外部からアドバイザーとして招く。打ち上げ前の打ち合わせでは，まず気象班により地上気象および上層気象が説明され，それに基づいて実験計画と放球判断がなされるのが通例である。

気象班の役割は，まず，放球基地の上空の年間を通しての風の様子を調べることから始まる。例えば，日本の三陸地方では，図3.20に示すような風の季節変化がある。この図では，それぞれ風の東西方向成分，南北方向成分の高度分布が季節によってどう変化するかを示している。この図に示すような場合には，気球はおおざっぱにいって東西方向に飛ぶ。そして，飛翔時間を長くとるためには，上昇中に気球が太平洋沖に進むための偏西風が強く，浮遊高度における風が東寄りで弱い，5〜6月と8〜9月が適していることがわかる。

つぎに，打ち上げ前に，各高度の風の諸条件が打ち上げや観測に必要とする条件を満たしているかをシミュレーションする必要がある。つまり，放球後，所定の浮遊高度に到達するまでの上昇フェーズでは，予測上昇経路が，3.4.7項で詳しく述べるように，定められた航路範囲にあるかを調べ，また，浮遊高度の風が観測計画に適しているかを判断する。

気球の打ち上げ後，観測が行われる浮遊時には，高度調節により望ましい航路を選択する必要がある。観測の終了に伴い気球と観測器を切り離して降下させるときには，迅速かつ安全に回収可能なように，指定された範囲に着地（着水）させるために精度の高い経路予測を行う。

以上に述べたような各フェーズで行われるシミュレーションや各種の判断は

108　　3．成　層　圏　気　球

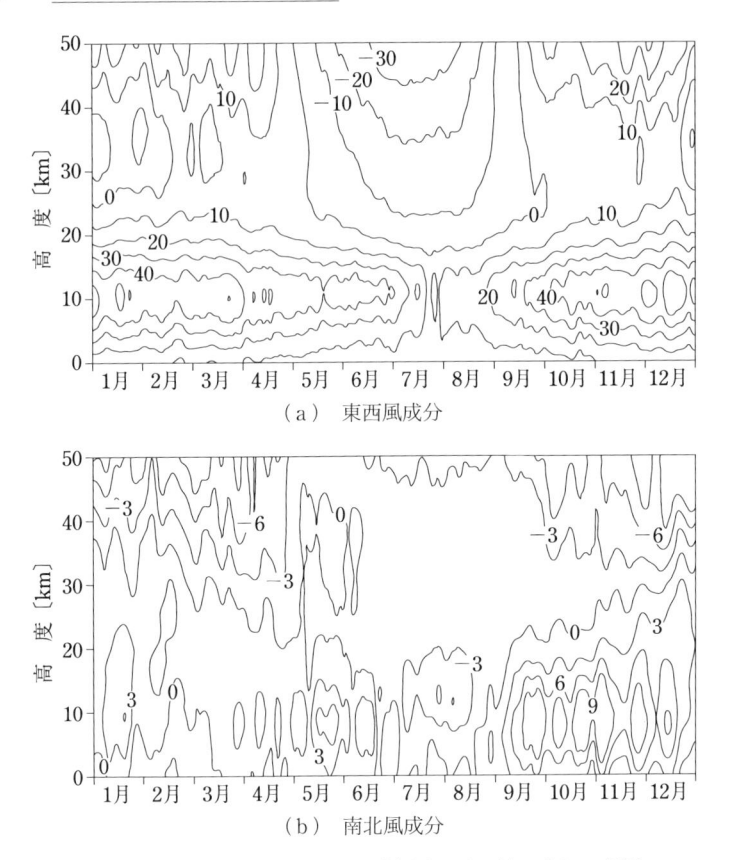

(a) 東西風成分

(b) 南北風成分

単位は〔m/s〕であり，西風および南風を正の値で表し，東風および北風を負の値で表している。

図3.20　三陸付近の風の変化

図3.21に示すように放球基地や移動基地，回収基地などをネットワークで結んで行われる。この際に必要となる各種の高層気象データ，気球飛翔データや搭載機器のハウスキーピング（HK）データもネットワークを経由して取得される。このようなシミュレーションに利用可能な高層気象情報としては，直接観測値（ラジオゾンデや気象ロケットによる観測）と，気象衛星などによる間接観測値がある。

　また，近年のコンピュータや数値解析手法の大きな進歩に伴って，各種の客

3.4 放球と飛翔　*109*

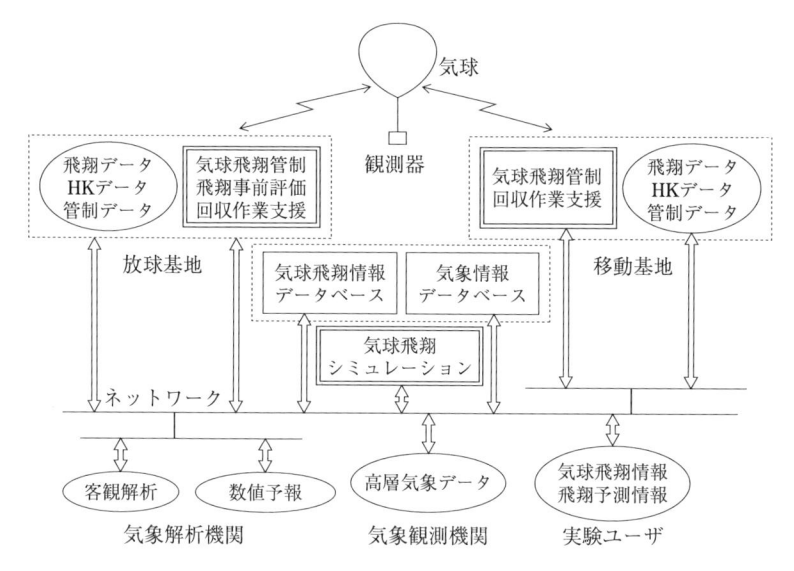

図3.21　飛翔管制システムの機能構成

観解析データとこれらを初期値として計算したいろいろな数値予報データがあげられる．特に最近はインターネットの普及と情報公開の促進に伴いこれらのデータの一部は誰でも無料で入手することが可能となっている．

〔2〕**高層気象データの種類**　代表的な高層気象データの概略について述べる．

（1）**ラジオゾンデ**　高層気象の実況を示す直接観測データとなる．詳しくは3.6節で述べる．これは全世界的なネットワークで行われるため，世界数百箇所で同一時刻に実施される．ゾンデによる測定データは，ゴム気球の飛翔ルートに沿う観測であることに注意する必要がある．このような直接観測は北半球の人口の多い地域に偏っており，また，大洋上には海洋気象観測船以外はほとんど観測点がなく，データを得られる場所が限られている．

（2）**気象ロケット観測**　高度60 km程度まで打ち上げられた気象ロケットからゾンデを放出し，パラシュートで降下中に，高度別の気温，風向，風速を測定する．日本では岩手県大船渡市の綾里で週1回行われていたが，2001年3月をもって打ち切られた．

(3) **ドップラー風速計** 地上に設置し，上方に信号を発射，上層の高度別の風速・風向のパターンを調べるもので，ウィンドプロファイラとも呼ばれる．音波によるドップラーソーダ，電波によるドップラーレーダ，レーザを用いたドップラーライダーがある．

(4) **気象衛星** 「ひまわり」のような静止気象衛星と「NOAA」のような極軌道気象衛星がある．リモートセンシングにより温度や風速の分布が測定されている．

(5) **客観解析** 各種の地上観測データや上で述べた高層気象データ，気象衛星からのデータは空間的に不規則で多くの誤差要因を含んでいる．このようなデータから規則正しい格子上の値として求めることを客観解析という．数値モデルのデータとして上記に示したような多種の観測データを取り込み，現実の大気の状態を最適に表すように調整されたデータを同化データ (assimilated data) といい，このような解析は多くの気象機関で行われている．

代表的なものとしては，上層大気観測科学衛星 (Upper Atmosphere Research Satellite：UARS) プロジェクトの一環として英国気象局 (UK Met Office) により作成され英国大気データセンター (British Atmospheric Data Centre：BADC) により公開されている同化データがある．これは，3.75 度 × 2.5 度，高度方向に 25 層の格子で約 60 km までのデータであり，毎日世界標準時の 12 時における解析値となっている．このほかにもつぎに示す数値予報の解析値がある．

(6) **数値予報** いろいろなモデル，手法による数値解析予報値が発表されている．例えば，米国環境予測センター (National Centers for Environmental Prediction：NCEP) の GFS モデル (Global Forecast System Model) によるものがある．格子は，1 度 × 1 度，高度方向に 16 層で気圧 10 hPa まで，180 時間先までのデータと 2.5 度 × 2.5 度 × 17 格子で 384 時間先までの Medium Range Forecast がある．ほかにも欧州中期天気予報センター (European Centre for Medium-Range Weather Forecasts：ECMWF) によるものが有名である．日本でも気象庁が気圧 100 hPa まで公開している．

図 3.22 は，宇宙科学研究所が三陸大気球観測所で気球実験を行うに際し，気象庁数値予報課より特別に製作・提供されている 10 hPa の気圧面の等高度線図である．図 (a)〜(b) の 5 月の図では高緯度側の密な等高線の領域が，成層圏が夏の気圧配置となって東風となっている．それより低緯度では逆の西風である．東風の領域が日とともに南下していく様子がよくわかる．図 (c)〜(d) の 8 月の図では，北極の極渦が崩れた影響が高緯度から低緯度に移動している様子を示している．すなわち，南側には東風が残っているが，北側から西風に変わっている．

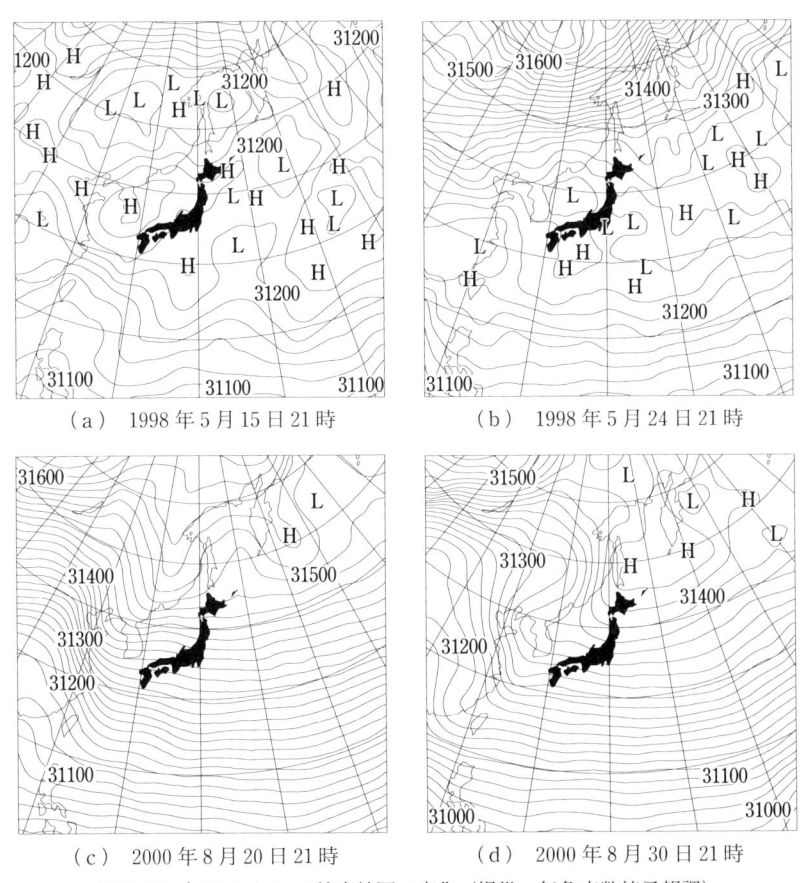

(a) 1998 年 5 月 15 日 21 時

(b) 1998 年 5 月 24 日 21 時

(c) 2000 年 8 月 20 日 21 時

(d) 2000 年 8 月 30 日 21 時

図 3.22　気圧 10 hPa の等高線図の変化（提供：気象庁数値予報課）

上で述べたような各種の数値データの多くは，通常世界気象機関（World Meteorological Organization：WMO）の標準フォーマットの一つであるGRIB（Gridded Binary）形式という，大量の格子点データを高圧縮する手法で作成されている。この種のデータを利用できる体制を整えることは，国外における実験や直接観測がほとんど行われていない地域にも対応可能となる。

ただし，以上に述べたようなさまざまなデータを用いたとしても，その精度から，高い高度における気球の飛翔を正確に予測できるデータを入手することはなかなか難しい。その場合は，自前の観測も必要となる。事前にゴム気球などを上げて高い高度までの温度，風のデータを取得し，上記のシステム運用の補完を図ることは重要である。この場合，温度の逆転層など細かい情報を入手できるメリットもある。

3.4.2　浮揚ガスの注入と放球

〔1〕　**放球操作**　気球には必要な浮揚ガスのすべてを地上で放球前に注入しなければならない。推進力が制御可能で，離陸を開始するまではエンジン出力を最小にして待機できる航空機とは大きな違いである。そこで，浮揚ガス注入から放球までの間，いかにして皮膜を損傷しないように，浮力をもった気球を地上に拘束するかが重要である。その際，地上で膨張している気球の頭部は地上風の影響を大きく受けるので，できるだけ低い位置に置く必要がある。

一方，放球のチャンスとなれば，できるだけ速やかに拘束を解き，気球および搭載システムをスムーズに上昇させなければならない。放球法の条件は，そうした一連の作業が地上風の変動に影響される度合いが少なく，安全に放球できる条件が広いことである。ここでは，NASAをはじめ，世界的に最も多く行われているダイナミック放球法（dynamic launching）を中心に説明し，ほかの方式はこの方式との差異として説明する。

気球を放球する際の機材とその配置を**図3.23**に示す（実際の放球風景は**口絵3**を参照）。左端のローラー車は，直径0.5〜1m，幅2m程度の回転軸をもった円筒を備えている（**図3.24**）。この円筒により，浮揚ガスが注入されて

3.4 放球と飛翔　　**113**

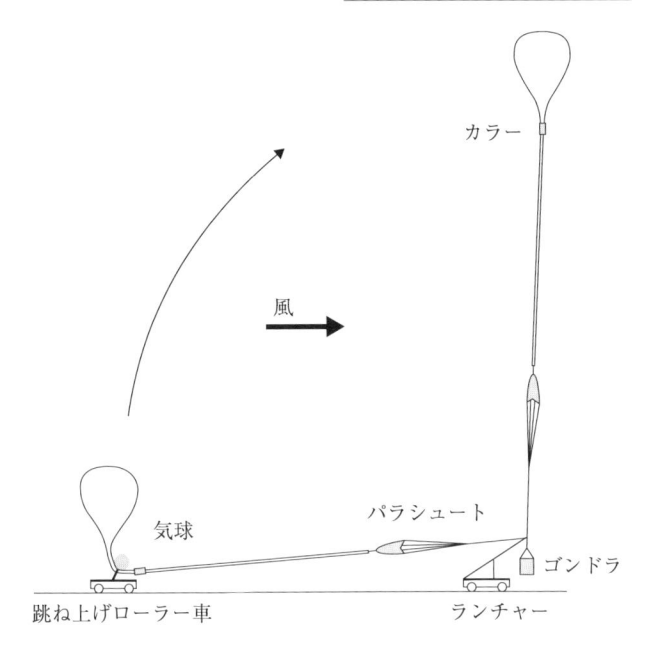

図 3.23　ダイナミック放球法

図 3.24　ローラー部分（提供：NASA/NSBF）

膨張した気球頭部の浮力を皮膜の広い面で受け，皮膜の損傷を防ぐ．同時に浮力の方向を 90 度曲げて地上に沿って伸ばし，つぎに述べるランチャーに気球底部から延びているつり下げシステムの終端を固定し，浮力を拘束する．気球頭部は，注入された浮揚ガスが下方に広がって空力抵抗が増さないよう，途中

3. 成層圏気球

をカラー（collar）と呼ばれる幅広いバンドで拘束するのが通例である。

ローラー車の円筒の回転軸を支えている両端の腕の一方は，回転軸を瞬時に解放できる機構となっており，ローラー全体がもう一方の腕を支えにして回転移動する。この動作で，浮揚ガスが注入された気球頭部は拘束を解かれ，未膨張の気球下部とパラシュートなどを引き上げつつ風に流されながら上昇する。ローラーから解放された気球がランチャーに向かって懸垂曲線を描きながら上昇するプロセスを計算機でシミュレーションした結果を図 3.25 に示す[6]。

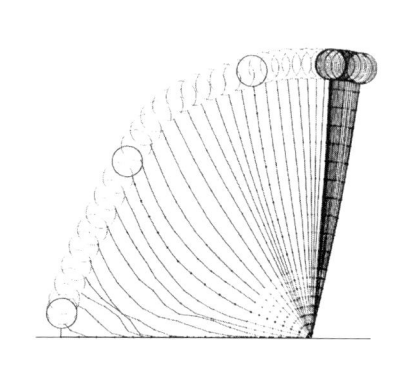

図 3.25　ダイナミック放球法による気球の上昇過程

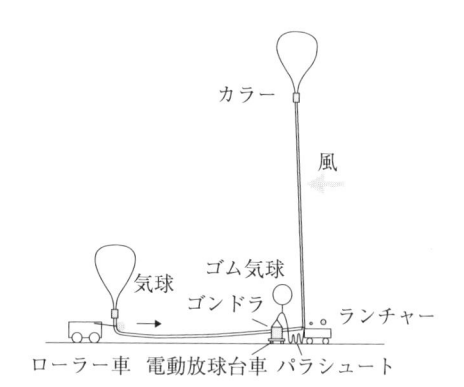

図 3.26　三陸大気球観測所で行われている立て上げ放球法

図 3.23 の右側がランチャー（launcher）で，ゴンドラをつり下げクランプしておく長い腕をもっている。ランチャーは車輌になっていて，ゴンドラが少ない衝撃でスムーズに地上から離れるよう，気球頭部の位置に合わせて風下に移動し，タイミングを合わせてリリースする。

日本では，放球フィールドが狭いこともあって，図 3.26 に示すように，ランチャーは移動しないスタティック放球法（static launching）である。ローラー車がランチャーに向かって徐々に前進し，ガスの詰まった頭部を立ち上げ，最後に気球全体をランチャーの上に立たせる。ランチャーの拘束を解いて放球する際には，気球とゴンドラとの位置を変えて地上風の変動に対して放球タイミングを調整する[7]。

CNES では，図 3.27(a)のようにゴンドラを別の小型補助気球（auxiliary balloon）であらかじめ 2〜3 m つり上げておき，主気球の上昇とほぼ同時に放球する．図(b)のように，二つの気球は当初並行して上昇するが，主気球がより高い位置に来ると，補助気球は分離され，ゴンドラ荷重は主気球に移る．

(a)　　　　　　　　　(b)

図 3.27　補助気球を用いる放球法（提供：CNES）

〔2〕 **気球の地上ハンドリング**　気球（本体）の皮膜は薄く破れやすいため，放球フィールドでの扱いは，人為的に動かす操作が最小限になるように以下の手順で進める．
① 気球の取り出し：気球が詰められた輸送用の箱をフィールドに出し，ゆっくりと移動させながら，帯状に畳まれた気球をその上部から輸送用の箱より取り出し，フィールドに直線状に長く延ばしていく．
② 放球ローラーのセット：気球上部を放球ローラーにくぐらせ，折り返し

てフィールドに置く．折り返す長さは，浮揚ガスの注入により地上で膨張する部分までの長さである．

③　カラーの取り付け：地上で膨張する部分の底部の位置にカラーを取り付けて絞り上げ，そこから下にはガスが入らないようにする．

④　つり下げシステムの連結：気球底部の金具にあらかじめ準備しておいたつり下げシステムの上端を取り付ける．

⑤　ゴンドラの連結：ランチャーにセットされているゴンドラの上端に，つり下げシステムの下端を取り付ける．

〔3〕**浮揚ガスの注入**　　浮揚ガスは，高圧ボンベよりガスホースを延ばし，ガス注入ダクト（inflation tube）から注入する（口絵1参照）．注入に要する時間は短いことが望ましい．大型の気球ではガス注入ダクトを2箇所から出し，それぞれのダクトから同時に注入する．ガスの注入は通常1時間以内に終了する．

〔4〕**浮揚ガス量の計量**　　気球が一定速度で安定に上昇するために必要な自由浮力は，大型気球では気球システム重量の10％弱である．したがって，気球に注入したガスにより生じる浮力の計測は，少なくとも1％，できれば0.1％の精度で管理できることが望ましい．

気球に注入されたガスの量は，高圧容器内の初期のガス量から容器内の残留ガス量を差し引いて求めるのが最も容易でかつ正確である．ガス注入では，ガス容器より急速にガスを放出するため，容器内のガス温度は断熱膨張の効果で時間とともに外気温度より低下していく．そこで，残留ガス量を計測するには，容器の圧力だけでなく，変化しつつあるガス温度も同時に正確に知る必要がある．ただし，容器内のガス温度を直接計測することは困難であるので，容器本体の温度の計測で代用するのが通例である．

容積 V_c〔m³〕の容器に圧力 P〔Pa〕，温度 T〔K〕で充塡されている浮揚ガスをすべて気球に注入した場合の気球の体積 V_b は，大気の圧力と温度を P_a，T_a とすれば

3.4 放球と飛翔

$$V_b(P^*, T) = \frac{T_a}{T}\frac{P^*}{P_a} V_c \tag{3.21}$$

ここで，P^* は浮揚ガスの理想気体からのずれ量である圧縮係数 α の補正を加えた圧力であって，実測圧力 P との関係は

$$P^* = kP \tag{3.22}$$

$$k = \left(1 + \alpha P \frac{293}{T}\right)^{-1} \tag{3.23}$$

$$\alpha = 5.03 \times 10^{-4} \quad (\text{ヘリウムの場合}) \tag{3.24}$$

である．浮揚ガスを注入する前のガス容器の圧力と温度をそれぞれ P_1, T_1，注入途中の時点での圧力と温度をそれぞれ P_2, T_2 とすれば，その段階で気球に注入されたガス質量 m_g および浮力 F は，注入中の大気温度，大気圧力のもとでの大気密度と浮揚ガス密度を ρ_a, ρ_g とすれば式(3.21)より

$$m_g = \{V_b(P_1^*, T_1) - V_b(P_2^*, T_2)\}\rho_g \tag{3.25}$$

$$F = \{V_b(P_1^*, T_1) - V_b(P_2^*, T_2)\}\rho_a\, g \tag{3.26}$$

である．

気球に注入すべき目標浮力量 F_f は，注入前の気球システム重量とその重量に比例する上昇用浮力（自由浮力）を加えたものとして与えられるのが通例であるので，注入した浮力にはガスの重量分を加える必要がある．したがって，注入途中での浮力の不足分は

$$\Delta F = F_f - (F - m_g g)$$
$$= F_f - \{V_b(P_1^*, T_1) - V_b(P_2^*, T_2)\}(\rho_a - \rho_g)g \tag{3.27}$$

となる．ここで，右辺第2項は，2.1節の〔2〕項で述べた有効浮力に対応する．なお，データ表などに記載されている気体の密度は，標準状態 T_0, P_0（通常 273 K, 101 325 Pa）での値が示されている．その値 ρ_{a0}, ρ_{g0} を用いるとすれば，式(3.27)中の気体密度は，以下のように変換される．

$$\rho_a - \rho_g = \frac{T_0}{T_a}\frac{P_a}{P_0}(\rho_{a0} - \rho_{g0}) \tag{3.28}$$

この段階で，$\Delta F = 0$ となる推定ガス圧力 P_f^* は

$$P_f{}^* = \frac{T_2}{T_1}\left(P_1{}^* - P_a\,\frac{T_1}{T_a}\,\frac{F_f}{V_c(\rho_a - \rho_g)}\right) \tag{3.29}$$

この目標圧力 $P_f{}^*$ は，容器の温度が T_2 のままと仮定した推定値であり，注入を開始した当初は大きな誤差をもっている。しかし，ガスの圧力と容器の温度をセンサで検出して計算機にオンラインで入力し，その最新データをもとに式(3.29)に従って実時間演算を行えば，ガス注入が進むとともに実測温度 T_2 も最終温度に近づくので，推定値の誤差は減少し，最後はゼロに収束する。この注入途中で求まる目標圧力をもとにして，浮揚ガスの注入者に指示をすれば，容易に精度よく注入量を制御できる。

なお，注入中は，まずガス温度が断熱膨張の効果で低下し，その結果ガス容器の温度が低下するので，両者には熱伝達の遅れから若干温度差が生じる。しかし，浮揚ガスの温度は，その熱容量が容器のそれと比べ小さいので，注入が終了すると数分でほぼ同一温度となる。その過渡期では，注入ガス量の計算値は，追加して注入しなければならない方向に変化するので，コンピュータの指示値を超えないように注入していけば浮力は正しい値に収束する。同様の理由で，ガス容器の温度と大気温度が異なった状態のままでも，容器温度の変化は緩慢なため，浮揚ガス温度も同一であると扱えるので，浮力量に及ぼす影響は無視できる。

〔5〕 **自由浮力の付与**　　浮揚ガスを注入する前には，適正な速度で上昇するための自由浮力分を決めておかなければならない。その量は，2.4.2〔3〕項の「気球の上昇速度と自由浮力」で考察し，図2.29に図示している。式(2.105)から明らかなように，同一の自由浮力率 f（自由浮力と気球システム重量との比）を付与した場合には，上昇速度 v_{bz} は，気球システム質量 m_G の1/6乗に比例して増大する。すなわち，同じ上昇速度となる f は，m_G の増大とともに減少する。

通常上昇速度は5 m/s前後が選ばれる。その場合，気球システム質量が250 kg，500 kg，1 000 kg，2 000 kg の自由浮力率は，式(2.105)より，それぞれ12 %，10 %，8.5 %，7.3 %となる。ここで，断熱膨張による浮揚ガスの

温度低下の影響の指数である $\bar{T}_g$ は，実際に近い 0.98 としている．

より具体的には，2.4.4〔2〕項の「上昇運動」で述べたように，昼の放球と夜の放球では上昇動作はかなり異なる．逆転層の有無など，大気温度の高度プロファイルの相違によっても影響を受ける．そこで，3.4.1項で述べた気球ダイナミクスの解析プログラムを用い，放球時の上層大気温度分布のデータや太陽照射強度の時間変化などの条件を入力して上昇速度のシミュレーションを行い，浮揚ガスの排気やバラスト投下による補正操作をできるだけ少なくする適切な自由浮力率を決定する必要がある．

3.4.3 飛翔の制御

放球された気球は，気球から伝送されるデータを参照して，地上の操作卓よりオペレータにより制御される．それぞれの飛翔段階に応じての主要な制御の課題は以下のとおりである．

〔1〕 **放球直後**　気球の実験でトラブルが最も多い段階であり，飛翔の制御には最も注意を払わねばならない．

（1）**関係機関への連絡**　航空管制当局をはじめ，関係する機関に，気球を放球した旨（むね），事前の手順に従ってすみやかに連絡する．打ち合わせ内容によっては，航空機の飛行高度を通過するまで連絡を続ける場合もある．

（2）**気球本体の異常**　製作上の問題や放球時の衝撃による気嚢の損傷がありうる．飛翔を続けられるか否かの判断をすみやかに行う．異常があれば，地上の安全を確認してただちに飛翔を中断する．

（3）**初期上昇速度の調整**　ガス注入量に誤りがあり，正常な速度で上昇を開始していない場合は，バラストの投下ないしは排気弁からの浮揚ガスの排出により上昇力を調整する．

（4）**飛翔範囲の確認**　放球場周辺に回避すべき人家や施設がある場合，飛翔コースが設定された安全圏内にあるか否かを判断しなければならない．地上風のデータに基づく事前の予測と異なる飛翔であれば，しかるべき対応処置をとる．

（5） **搭載機器の動作確認**　気球を制御する機器の動作は飛翔を続けるのに支障がないか，また観測機器は意義のある観測が可能な動作状態にあるかなどを判断し，不都合があれば確実に気球を制御できるうちに飛翔を安全に終了する。

〔2〕 **上昇中の制御**

（1） **上昇速度の調整**　通常，適正な自由浮力が付与され正常な速度で上昇していても，3.4.1項で述べたように，対流圏界面付近から大気温度は上昇に転じるので，浮揚ガス温度との差が増大して減速する。対流圏に顕著な逆転層が発生していても同様に減速する。特に夜間にはこの効果が大きい。あまり減速してからバラストを投下すると速度の回復が遅れることとなるので適切に対応する必要がある。

（2） **中間高度での水平飛翔**　最高高度より下の中間高度，すなわち気球が部分的に膨張している段階で上昇を一時的に止める操作である。飛翔経路の調整や科学実験の要請によって行われることがある。自動的に高度が一定になる条件はないので，その高度での自由浮力分の浮揚ガスを排気弁より放出して上昇速度をゼロに近づける操作となる。（1）の上昇速度制御も含め，3.4.1項で述べた高層の気象データも取り込んだ気球ダイナミクスの解析プログラムを援用しながら行うのが効率的である。

〔3〕 **水平浮遊高度での高度操作**

（1） **水平高度の維持**　2.3.1項で述べたように，ゼロプレッシャー方式の気球は，下方には高度の安定点がない。そして，2.4.4項で述べたように，気球の下を雲頂温度の低い雲が覆った場合には，地球からの赤外放射が妨げられ，浮揚ガス温度が低下して高度が下がる。特に夜間に影響が大きい。雲が一時的に通過しているだけであり短時間で回復するか，それとも長期間続くかを的確に判断することが難しい場合がある。ペイロード下部に赤外線センサを取り付けて判断の一助にすることもできる。

（2） **日没補償**　高度低下が必ず顕著に現れるのは，2.3.1項で述べた日没時に浮揚ガス温度が低下する場合である。実際の現象は，太陽高度が下が

り大気を通過する際の減衰量が増加することから始まり，地上のみ日没になってアルベドが減少すること，気球高度でも日没となることと続く。そうした経緯に対して，最も消費量を少なくできる理想的な日没補償法は，気球が降下速度をもつ前に浮力の低下量を知り，少しずつバラストを投下することである。そこで，気球の上下運動速度，内外ガス温度差，あるいは気球底部の圧力差を正確に検出してバラスト投下量を適正化する試みがなされている。

(3) **飛翔高度の徐降** 科学観測中，排気弁から浮揚ガスを排気して徐々に高度を下げる必要がある場合の操作である。自由浮力と降下速度の関係は，基本的には上昇過程と同様である。ただし，2.4.2項で述べたように，高度が下がると浮揚ガスは断熱圧縮で温度が上昇し，一時的に浮力が回復して降下速度が遅くなる。そうしたダイナミクスを加味した排気動作を，気球の運動解析に基づいて実施する。図3.28は，2002年に成層圏大気の高度別採取実験に際して実施した飛翔高度の操作の記録である。排気による気球の高度変化の様子がよく現れている。

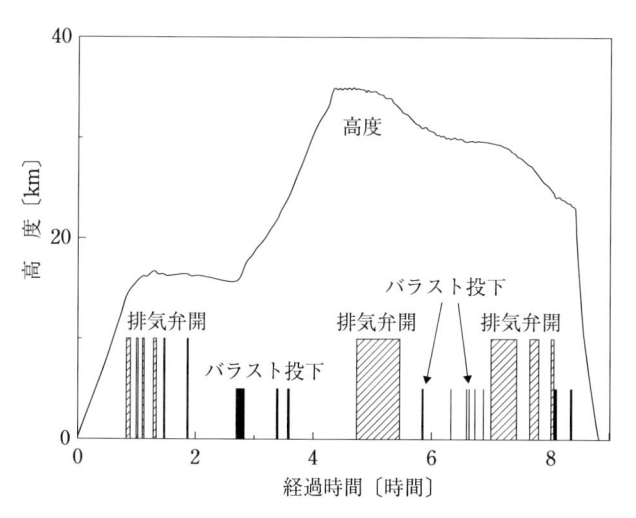

図3.28 排気とバラスト操作によって気球の高度を制御している例

3.4.4 飛翔管制

〔1〕 飛翔位置の測位　3.4.7項で述べるように,気球を飛翔させる場合には,飛翔中の地理上の位置をたえず測定し,その航跡を把握していることが航空保安上義務付けられている。また,気球を飛翔させる立場からも,観測・実験および機器の回収を実行する上でも,飛翔位置の測位は不可欠である。気球位置は,直下の緯度,経度および海抜高度で表し,航跡図として示す。

位置の測位方式としては,以下のものがある。その中でGPSは,気球にとってもきわめて有効な測位手段であり,現在の主力の方式となりつつある。

（1）電波追尾方式　地上局の指向性アンテナで気球を追尾すれば,アンテナ架台の角度から気球の仰角 (elevation),方位角 (azimuth) が得られる。これに気球までの直線距離 (slant range) がわかれば,気球の地理上の位置を計算で得ることができる。直線距離は,地上局から,指令電波に乗せて5kHz程度の正弦波信号を気球に伝送し,気球上では受信し復調したこの正弦波信号をテレメータ送信機に入力して地上局に返送する。地上局では返送された正弦波の位相遅れを計測することで,直線距離が得られる。

こうした方式はロケット,人工衛星で用いられている方式と基本的に同一であるので,詳しくは,本「宇宙工学シリーズ」の第1巻,『宇宙における電波計測と電波航法』を参照されたい[8]。

この電波追尾方式では,気球の位置が遠くなり,アンテナ仰角が小さくなるとともに,追尾の変動分で生じる測位誤差が増大する。また,電波は,大気中では大気密度の変化によって伝播速度が変わるために直進せず,わずかに地表面側に湾曲する。このため,気球までの距離が長くなると,気球高度の計測誤差が増大する[9]。

（2）GPS方式　GPSは,地球全域をカバーする衛星を利用した高精度測位システムである。軌道上に24機の衛星を分散配置し,測位に必要な電波を送信している。地上の受信機では,同時に4機以上の衛星からの電波を受信できるので,到来する電波の位相差から衛星との直線距離が得られ,三角測量の原理で受信位置の緯度,経度,高度の情報が取得できる。多くの専門書,

解説書があり，上記（1）で紹介した本でも詳しく述べられているので，それらを参照されたい[8]。

通常の飛翔管制に使用するGPS受信機は，民生用として利用されている小型のものでも，緯度・経度とも1秒角以下，高度も10m以下の精度で測位精度が得られるので十分利用可能である。唯一必要となる特殊な機能は，高度情報に関するものである。民生用の受信機では，軍事用への転用を防ぐ目的で10km以上の高度の情報は出力しない。ただし，この制限は，受信機内の信号演算ソフトウェアで処理しているのみであり，規制を解除する手続きをとれば気球高度を十分カバーする測位が実行できる。

（3） **ARGOSシステム**　気象衛星NOAAの付加機能として設けられている簡便な測位システムである。ARGOS送信機と呼ばれる小型の装置から間欠的に送信される電波を，極軌道を回っているNOAA衛星が受信する。受信した電波周波数のドップラーシフト量を知ることで，ARGOS（アルゴス）送信機の位置を特定する。中緯度では1時間に一回程度しか衛星と会合せず，かつ測位の精度も数kmと必ずしもよくないが，小型・軽量で，動作時間が長いため，飛翔中の測位のバックアップ装置として，あるいは回収に時間を要する場合の探索用に用いられる。

（4） **オメガ方式**　小型船舶用の測位システムであって，世界8箇所の沿岸局から，周波数10kHzの標識電波を出し全世界をカバーする。この電波を簡易な受信機で受信し，電波の位相差を算出することで，緯度，経度を知ることができる。1975年に開設され，大型気球や気象観測ゾンデの測位にも利用されてきた。しかし，GPSの普及とともに役目を終えた。

〔2〕 **飛翔経路予測**　気球が今後進行する方向と速度を飛翔中に実時間で予測することは，飛翔管制の重要な課題である。特に，飛翔を終了する場合には，通常1時間程度前に航空管制当局に終了予定位置を通知する。管制当局はその位置を中心とする一定の範囲内の航空機に周知を図るので，予測値には，設定範囲を逸脱しない精度が求められる。気球が国境に近づくと予想される場合も同様である。

予測法は，3.4.1項で述べたように，各種高層気象データをもとにして放球前の飛翔航跡予測を行う場合と同じであるが，範囲が狭く，時間経過も短いので，短時間で精度の高い予測が可能となる。

〔3〕 飛翔中の動作状態のモニタと管理

（1） **飛翔安全管理**　最も重要な飛翔安全管理の項目は，飛翔を終了する操作の実行である。指令は確実に実行されなければならず，かつ指令がないのに誤動作してはならない。飛翔の終了は，つり下げシステムを火工品で分離するので，通常，コマンドはなんらかの方法で2段階になっている。例えば，第一のコマンドで火工品を起動する準備を完了させ，短い一定時間だけつぎのコマンドを受け付ける状態を作る。その間に第二のコマンドを送った場合だけ，飛翔終了動作が実行される。第一段階の状態はテレメータを通じ地上局で確認し，誤って起動準備状態になってもコマンドで中断することを可能にしておき，一層の安全と確実性を保障する。

（2） **浮力の管理**　飛翔中，浮力の操作として排気弁からの浮揚ガスの放出やバラストの投下を行った場合，高度を維持できる浮力の確保が不可能な事態になってはならない。そこで，排気した浮揚ガス量の積算値とその浮力換算値，バラストの投下総量と残量は確実に管理する。

（3） **内部機器の動作状態**　気球の飛翔を制御する基本搭載機器の動作状態，すなわち，電源電池の電圧，温度，搭載受信機の受信感度などの基本情報は，上記（1），（2）の情報とともにテレメータを通じ，地上局の飛翔管制用のモニタ画面に表示し，安全な飛翔がなされているか否かの確認を行う。

図3.29は，そうした飛翔管制用のモニタ画面の1例であって，左側画面の上に気球飛翔位置，コマンドの動作表示，浮揚ガス排気量の値と浮力の現在値，バラスト残量などの気球飛翔の管制にとって重要な項目が表示されている。右上には，内部機器を駆動する電源の動作状態およびゴンドラ内外の温度計測値が表示されている。右側画面は，搭載されている観測，実験機器の動作状態の概要を確認するデータの表示である。観測，実験機器の動作の詳細な表示は，通常，実験グループが準備したシステムで行い，コマンド操作も含め別

3.4 放球と飛翔　　*125*

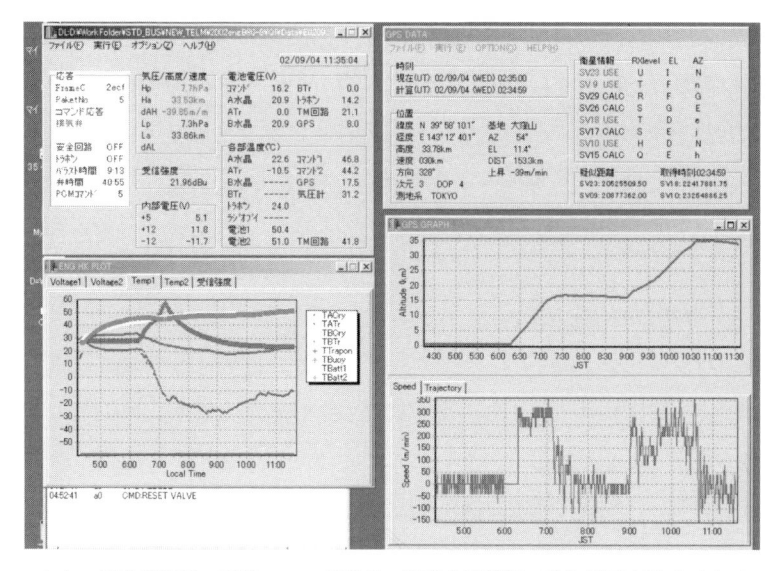

左上に気球制御用の重要コマンド情報，搭載共通機器の動作電圧や温度が表示されている．右上は気球の測位を行っている GPS の詳細データの表示である．下段は，左が各測定点の温度の履歴，右が上昇高度と上昇速度の時間変化である．

図 3.29　気球から送られたデータの表示画面（観測データは除く）

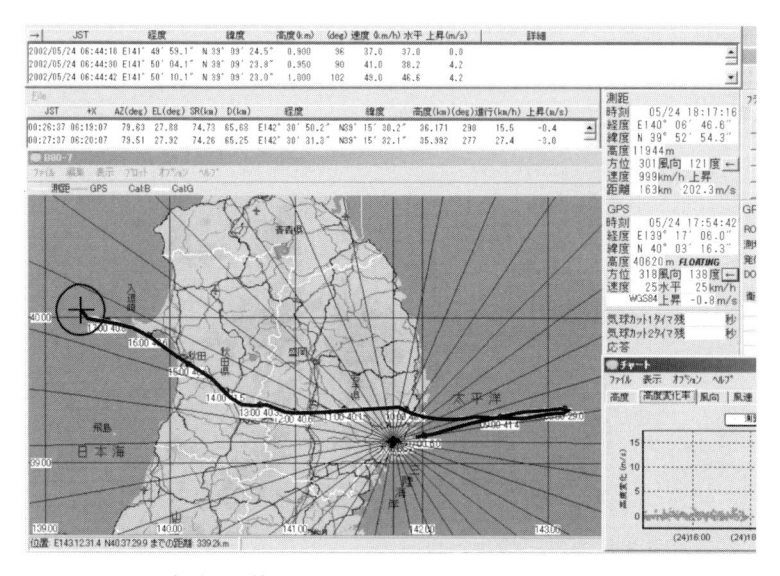

図 3.30　気球飛翔管制画面の地図上に表示された気球の飛翔航跡図

室で独自に実験を進める。

飛翔の航跡図は,直下の位置を地図上に描く。近年は,コンピュータ地図も精密なものが作られるようになり,そのソフトウェアを利用してコンピュータ画面上で航跡を地図上に描くことができる。図3.30は三陸大気球観測所で用いられている航跡表示システムによる表示例である。

3.4.5 飛翔の終了と回収

〔1〕 パラシュート降下　ペイロードを安全に回収するには,気球高度でパラシュート降下に移ったあとの降下経路および着地(着水)地点をできるだけ正確に予測できなければならない。また,着地(着水)予想地点の周辺の地勢情報を把握し,地上で物的,人的被害が発生しないことを確認できなければならない。飛翔終了の判断には,あまり時間的余裕がない場合も多いので,こうした予測計算は,飛翔中たえず実時間で行っている必要がある。

パラシュート降下の予測経路は,まず,パラシュートのサイズと大気密度で決まる垂直方向の降下速度を求める。つぎに,3.4.1項で述べた気象機関の提供する数値解析モデルによる大気の3次元格子点の水平方向の風向,風速データをもとに水平方向の移動量を求め,その積算値として着地(着水)点が得られる。

地上で回収する場合に用いるコンピュータ地図では,回収に適した人口密度の小さい地域の情報は都市部に比べ詳しくないのが通例である。スウェーデン宇宙公社(Swedish Space Corporation:SSC)に所属する宇宙基地ESRANGE(口絵6(d)参照)では,通常の地図情報に加え,気球実験地域の小さな村落に至るまで,その位置と人口を記入した詳細な地図を用意し,その上にパラシュート降下位置のシミュレーション図を描いて,気球実験の終了コマンドを送信する判断材料としている[10]。

〔2〕 発見と回収　降下させた実験機器は,できるだけ早く発見し回収することが望ましい。着地(着水)後も電波を発信し続けて発見の助けとしたり,3.4.4〔1〕項で述べたARGOS送信機を搭載して,着地した位置情報を送

り続ける方策が採られる。ヘリコプターなどを利用して低空から捜索することも多い。NASA では，より直接的で確実な方策として，飛翔終了時には小型飛行機で飛翔中の気球を目視しながら，機上からコマンド信号を送って実験機器をパラシュート降下させ，着地点まで追跡している。

気球本体は自然落下するが，空気抵抗が大きいため，観測器の近傍に落下する。環境問題もあり，気球本体の回収も確実に行うよう努めている。

3.4.6 長時間飛翔技術

気球による観測や実験では，できるだけ長時間観測を続けることが求められることが多い。一般的に，もし数箇月の単位で飛翔を続けることが可能となれば，必要経費も含めた総合評価では，数年間軌道上から観測を続けられる衛星と同等と考えられる。しかし，気球を長時間飛翔させるには，以下のような問題点がある。

（1） 飛翔距離が延びて地上基地からの通信範囲を超える。また，国境を越えて他国の領域に侵入する。

（2） 中緯度でゼロプレッシャー気球を飛翔させると，2.3.1項で述べたように，1日当り総浮力の7〜10％のバラスト投下が必要となり，飛翔日数を制約する。

上記の問題に対し，以下のようなさまざまな工夫により飛翔時間を延ばす試みがなされている。

〔1〕 成層圏の風速が非常に弱まる特殊な条件下での飛翔　3.1節で述べたように，成層圏では，冬期には西風，夏期には反対の東風が吹く。とすれば，その変わり目には，きわめて風の弱い期間があることになる。このタイミングに気球を上げると気球は狭い範囲にとどまり，上記(1)の制約から逃れられる。図3.31 は，そうした上層風の変わり目の顕著な高緯度（スウェーデン，ESRANGE, SCC）でうまくタイミングを捕らえて，40時間にわたりほぼ頭上にとどまるという興味ある長時間飛翔に成功した例である[11]。

〔2〕 夏，冬シーズンの南北極域での飛翔　おおよそ80度より高緯度で

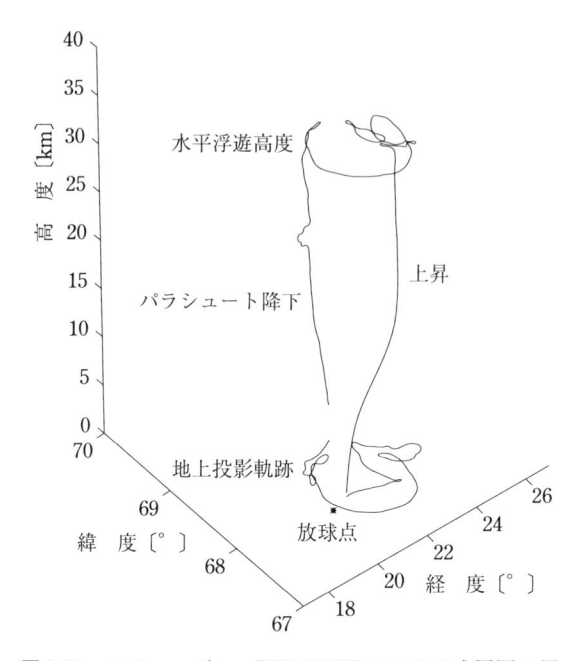

図3.31 スウェーデン，ESRANGEにおける成層圏の風向の変わり目（Turn-Around）を捕らえた長時間飛翔の例〔I. Sadourny："The French Balloon Programme", Proc. 13th ESA Symp. on European Rocket and Balloon Programmes and Related Research, SP-397, pp.11-16（1997）より改変〕

は，夏期には日没がなく，冬期には日照がないため，浮揚ガスの温度変動もなく，ゼロプレッシャー気球でもほとんどバラストを投下せずに高度を維持して飛翔を続けることができる。しかも，成層圏には極点を中心にした周回風が吹いているので，気球は極域内にとどまって安全に飛翔する。

特に，夏期の周回風は図3.9に示すように冬期より安定しているため，極点を中心とする円を描いて飛翔する。NASAでは南極のマクマード基地から，日本では昭和基地からこの長時間飛翔を行っている。図3.32は，1993年に昭和基地から飛翔させた南極周回気球の例である[12]。

〔3〕 **風向が高度により逆方向の領域を利用した飛翔**　日本のように中緯度に位置する場合には，3.1.5項で述べたように，対流圏の上部にはジェット

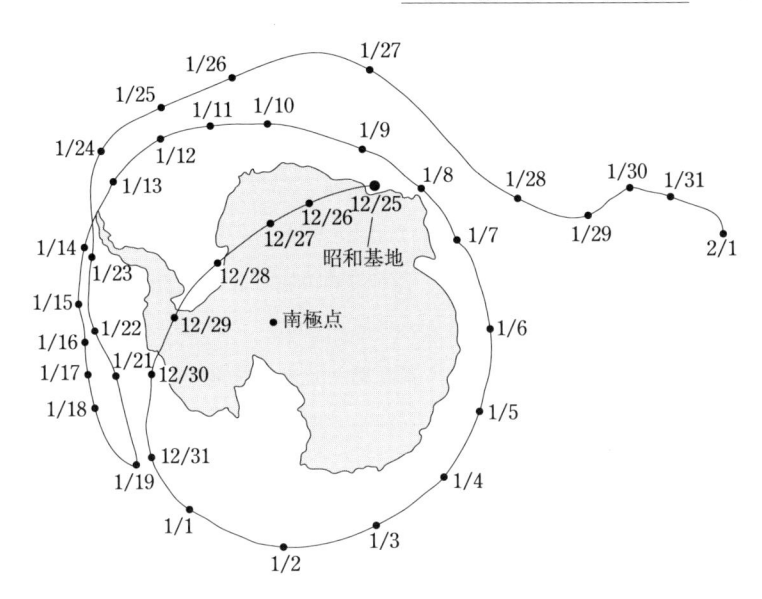

12月25日に放球し，1月19日までの25日間は微少量のバラスト投下で高度を維持して飛翔した．バラストをすべて投下した1月19日以降は，高度が下がり逆向きの風系に入って飛翔した．

図 3.32 昭和基地における南極周回気球の航跡図（1993年）

気流と呼ばれる偏西風があり，夏期の成層圏の風向はこれと逆向きになる．三陸大気球観測所での気球飛翔では，「ブーメラン気球」，「サイクリング気球」と名付けた長時間飛翔を試みている．それは，気球が偏西風の領域まで上昇したところで排気弁を操作し，自由浮力分のガスを排気していったん上昇を止め，気球を東に流す．つぎに，適当な遠距離に行ったところでバラストを捨てて成層圏の最高高度まで再上昇させれば，気球は反転して西に戻ってくる．

観測を続けながら西向きに飛翔させ適当な地点で飛翔を終了するのがブーメラン飛翔であり，再度排気弁を操作して偏西風領域まで気球を降下させ再び気球を東に飛翔させるという操作を繰り返すのがサイクリング気球である[12]．

〔4〕 **スーパープレッシャー気球を用いた飛翔**　2.3.2項で述べたように，スーパープレッシャー気球は原理的にバラストを投下して高度を維持する必要がない．長時間飛翔にとっての制約は，昼夜の圧力変化による皮膜の疲労

とクリープ変形および紫外線による劣化である。また，浮揚ガスが皮膜から透過によって減少することも長時間飛翔の制約となる。前者は，気球の設計における皮膜およびロードテープの材料選択と強度マージン設定の問題となる。

後者は，皮膜のガス透過特性の改善の問題である。数週間程度の飛翔では，ポリエチレンフィルムでも問題ないが，EVOH（エチレンビニルアルコール共重合体）フィルムは，さらに数十倍も透過特性が低い。多層膜構成の皮膜の一層にこうしたフィルムを用いることで解決する。

〔5〕 **中緯度域の通常飛翔による長距離・長時間飛翔**　　中緯度域では，日没に伴う高度補償のためのバラスト投下が飛翔日数の限界となることは，2.3.1項で述べた。弘前大学とロシアのレベデフ物理学研究所などを中心とする日露共同宇宙線観測気球プロジェクトにおいて，ロシアの気球グループは，この限界内での最大限の飛翔時間を実現させている[13]。成層圏が東風となる夏季に，気球をカムチャッカより放球し，ほぼ同緯度にあるモスクワを目指して飛翔させる。

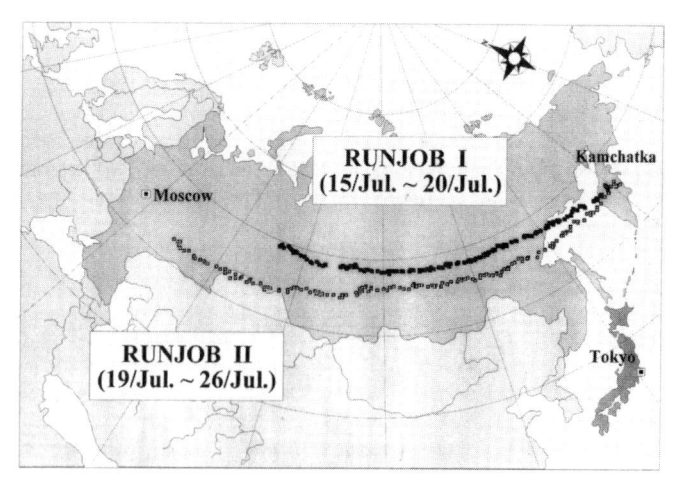

図3.33　日露共同気球実験 RUNJOB（RUssia-Nippon JOint Balloon）プロジェクトにおける，2機のカムチャッカ-モスクワ長距離・長時間飛翔の航跡記録（1995年7月）（提供：弘前大学）

上記プロジェクトでは，180 000 m³ の気球を用い，高度約 35 km を飛翔させた．気球システム質量は 2 080 kg（内気球本体 650 kg）であり，その中でペイロード質量は 450 kg（内科学観測器 230 kg）に対し，バラスト質量は 800 kg に達する．1995 年 7 月には 2 機が放球され，それぞれ 5.5 日間，5 357 km，7 日間，7 200 km の飛翔を実現している．ロシア側作成の飛翔航跡図を図 3.33 に示す．

3.4.7 飛翔安全・保安

容積が大きくかつ，数百 kg〜1 トンを超えるペイロードをつり下げて飛翔する科学気球の実験では，事故が発生すれば重大な被害が発生する可能性をもっている．そこで，法的にも以下の規定を守ることが義務づけられている．もちろん，これらの規定のみでなく，実施者は安全の確保全般に責任を負っていることはいうまでもない．

〔1〕 **航空安全・保安** 科学気球は，上昇と飛翔終了時に航空機の運行高度を横切る．このための航空管制関係の規制は，国際民間航空機関（ICAO）が定めた国際民間航空条約第 2 付属書の 3.1「人身および財産の保護」の中（3.1.8 項）で無人自由気球への基本規定が記され，同書の中の「付録-4 無人自由気球」で備えるべき装備の要件，飛行にあたっての通報事項，飛翔位置と経路の把握と報告義務などの細かい規定がなされている[14]．

各国とも気球実験には，この規則に準拠して対応している．わが国でも，気球実験に際しては，国土交通省航空局および関連航空機関との事前協議ののち，フライト計画（ノータム）が発行される扱いとなっている．航空管制の対象となる気球は，ペイロード重量およびつり下げひもの強度により軽量，中型，大型に区分されている．軽量および中型は，ペイロード重量およびつりひも強度のみで規定され，気球本体の強度に関する規定がないことから，気象観測用ゴム気球および類似物を念頭に置いたものと考えられる．ポリエチレンフィルムの科学気球はほぼすべて大型に属する．詳細は**付録 2.** を参照されたい．

〔2〕 **海洋安全・汚染対策**　わが国の場合，海上の安全管理は海上保安庁の管轄であり，気球実験にあたっては事前説明が行われる。おもに，ペイロードの海上着水時の安全対策と回収が対象となる。1971年に海洋汚染および海上災害の防止に関する法律が制定されたことにより，気球本体の回収も義務付けられることとなった。

〔3〕 **地上安全・保安**　特に気球用に明文化した規定はないが，事前に関係機関に連絡，協議することは，常識の範囲である。一般に，上昇中に比べ，水平浮遊状態に入ると気球の信頼性は高いとされるが，それでも大都市の上空や安全上重要な施設のある上空は除外することが望ましいのはいうまでもない。

[茶飲み話] **日本の気球回収は重労働**

気球の大きな利点の一つがペイロードを回収できることにあることは，1.3節で述べた。諸外国では，広大な荒地や人口のまばらな牧場地帯にパラシュート降下させている。場所がよければ，ヘリコプターで直行し，短時間でつり下げて帰ってくる。しかし，わが国にはそのような適地がないのですべて海上で回収する。ここから難業苦行が始まる。

限られた費用では，専用の大型高速船などは夢のまた夢である。港湾作業用の船舶と契約して回収に向かう。近海作業用の船なので船足は遅く，波にはよく揺れる。それでも陸の近くを走っているときは，そばに寄ってくるイルカやアザラシを観賞するゆとりもある。しかし，ひとたび陸の影が消えると，どんな波静かな日でも大きなゆっくりとしたうねりが船を上下に揺らす。胃が口から飛び出しそうな気分に襲われる。

海水の浸入による機器のダメージは深刻なので，できるだけ早く回収しなければならない。日が沈めば目視の発見も難しい。時間との競争の作業となることもしばしばである。それでも，ペイロードの回収はまだ容易である。水に濡れた巨大な気球本体の回収は重労動で本当に大変である。

陸に近い位置に着水させれば作業が楽なのはわかっている。しかし，船舶や漁業施設が多くなる。あるとき，沖合の定置網に気球が流れ込んでしまった。「不漁を嘆いていたら，気球という巨大な獲物が入った」と地元の新聞に書かれてしまった。日本の科学気球の悩み多きところである。

3.5 気球の製作

3.5.1 皮膜材料

〔1〕 **皮膜の特性** つり下げるペイロード質量が数百kg～1トンを超える大型ゼロプレッシャー気球の皮膜材料には，厚さ20 μm程度のポリエチレンフィルムが用いられる。ペイロード質量が数kg程度と軽く，40 kmを超える高い高度まで上昇することを主目的とする場合には，6 μmや3 μm強の薄く軽量なフィルムが用いられることもある。

（1） 機械特性 皮膜に要求される特性は，十分な強度，高い伸び率，高い引裂強度（tear strength）および脆性温度（brittleness temperature）が十分低いことである。最後の事項は，上層大気が対流圏界面（中緯度で約10 km）で最も低くなるため，そこを通過する際にも柔軟性を失わない必要があるためである。最近のフィルムでは－100 °C程度まで十分耐えられる。

図3.34に，フィルムの引っ張り強度試験の典型的結果を示す。縦軸はフィルムに加える応力（stress），横軸は伸び（strain）である。A点までは，張力をなくせば復元する弾性変形領域であり，A～B点までは復元しない塑性変形領域である。弾性限界を超えてもさらに伸び続け，容易に破断に至らないこ

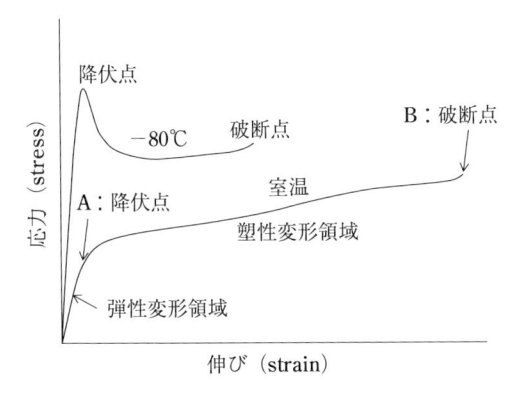

図3.34 気球フィルムの代表的な strain-stress 曲線

とが気球フィルムに求められる特性である。張力に伸び量を乗じた指標である強靭性（toughness）は，気球フィルムの評価に有効である。代表的な気球用フィルムの常温および低温での特性を**表3.3**に示す。低温域でも破断までに400％以上という大きな伸び率をもっていることが特徴である。

表3.3 気球用フィルムの強度特性

皮　膜	SF 373		ASTRO-E	
温　度〔℃〕	20	−80	20	−80
降伏点強度〔N/m〕	200	900	200	900
降伏点伸び〔％〕	10	10	10	10
破断強度〔N/m〕	600	1 100	700	1 120
破断伸び〔％〕	500	450	600	400

（2）光学特性　日中と夜間での気球内のガス温度の相違は，2.4.4項で考察したように皮膜材料である高分子フィルムの光学特性が関係する。その特性の概略は，太陽光の可視光吸収係数 ε と，地球からの赤外線放射領域である 7.5〜14.5 μm の範囲の平均赤外光吸収係数 κ との比，ε/κ を指標として示される。

低密度ポリエチレンフィルム，高強度ポリエステルフィルム，ポリビニルアルコールフィルムの赤外光透過特性をそれぞれ**図3.35**(a)〜(c)に示す[15]。ゼロプレッシャー気球用に用いられる低密度ポリエチレンは，波長 3 μm，6.8 μm，1.4 μm 付近に CH および CH_2 基による細い吸収帯があるが，それ以外ではほぼ全波長域にわたり一定した高い値を有し，透明性が高いことが特徴である。

小型のスーパープレッシャー気球に用いられるポリエステルフィルム，およびポリビニルアルコールフィルムは長い波長域で吸収が多くなる。特に後者は赤外線吸収係数 κ の対象領域である 7.5〜14.5 μm で強い吸収特性を示す。ガスバリア性がきわめて高いことで注目されるエチレンと酢酸ビニルの共重合物の EVOH フィルムも同種の特性をもつ。

上記の特性より，ポリエチレンフィルム，ポリエステルフィルム，ポリビニ

3.5 気球の製作　　**135**

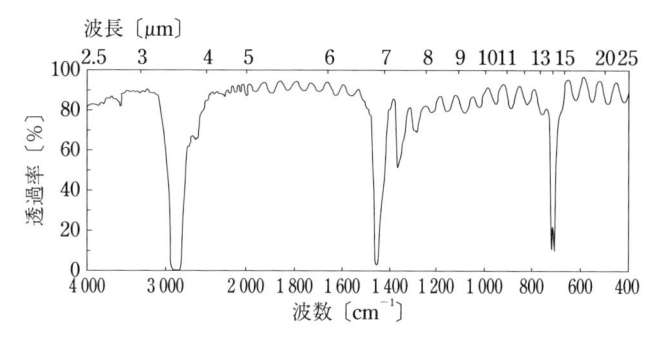

(a) 低密度ポリエチレンフィルム

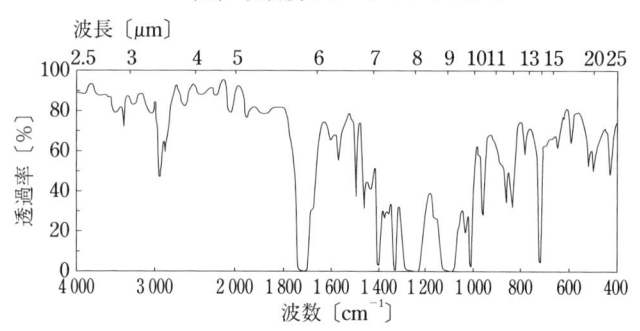

(b) 高強度ポリエステルフィルム

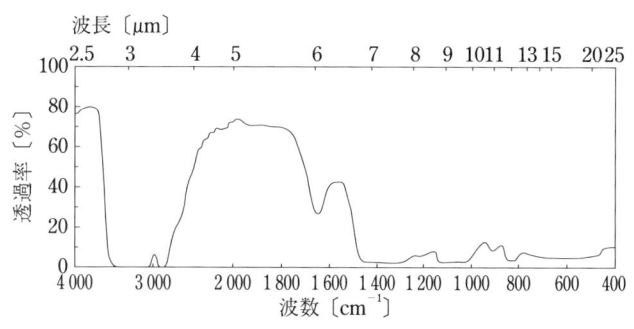

(c) ポリビニルアルコールフィルム

図3.35 気球用フィルムの赤外線透過特性〔出典：木内利助, 牧俊夫："赤外線吸収スペクトルによる包装資材(プラスチックフィルム)の簡易鑑別", 農林規格検査所, 調査及び研究報告, 1, pp. 75-92(1973)〕

ルアルコールフィルムの赤外線吸収係数 κ の値は，それぞれ 0.2, 0.6, 0.9 程度と見積もられている。他方これらのフィルムの可視光領域の吸収係数 ε はそれぞれ，0.05, 0.1, 0.1 程度である。したがって，気球フィルムの光学的特性の指標である係数 ε/κ は，0.25, 0.16, 0.11 となる。値の小さいほど夜間に地球からの輻射の影響を強く受けることになり，浮揚ガス温度の低下が減少する傾向をもつ。他方で，2.4.4〔4〕項の図 2.36 で示したように，雲頂温度の低い雲が地表面を覆った場合には，輻射条件が変わるので飛翔運動も大きな影響を受けることになる。

〔2〕 **ロードテープ**　ゴアの接着線に沿って挿入される補強用のロードテープには，ゼロプレッシャー気球の場合は高張力ポリエステル繊維が用いられている。こうした繊維は，一方向に引き延ばして作られるので，1 軸引っ張り強度のみが非常に優れている。その比強度（引張強度/単位体積当りの重量，specific strength）は，気嚢用フィルムの 100 倍以上となるのが通例である。したがって，有効に使えば，フィルム自体を強化するより少ない重量増で効果的に気球の強度を増すことができる（気球強度の補強効果については，2.2.3 項参照）。

気球の製造工程に都合がよいように，繊維は気球フィルムより若干厚めの 2 枚のポリエチレンテープに挟んで貼り合わせて固定しておく（図 **3.36**）。通常この状態のものをロードテープと呼んでいる。ゴアを貼り合わせて気球を製造する際には，このテープを 2 枚のフィルムに重ねて同時に接着していく。

ロードテープの強度は，特別な場合を除き，破断強度 667 N，890 N，1 112

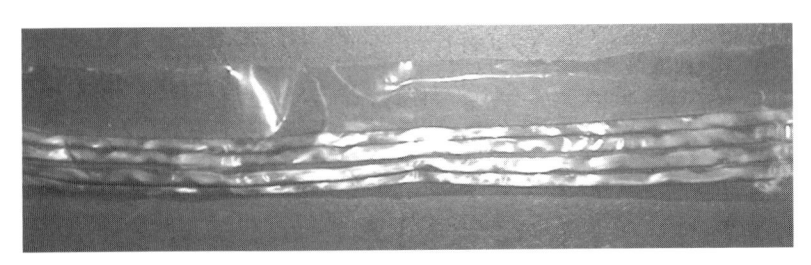

図 **3.36**　気球を補強するために，フィルム接合線に沿って挿入されるロードテープ

N等の規格化されたものが用意されている。

　スーパープレッシャー気球では，補強繊維に加わる力が大きいので，ロープをそのまま用いることが多い。ロードロープあるいはロードテンドン (load tendon) と呼ぶのが適当であるが，区別せずロードテープと呼んでいることもある。本書でも特に断わりのない限り，ロードテープとしている。

3.5.2 設　　　計

〔1〕 **ゼロプレッシャー気球**　　与えられた浮遊高度とペイロード質量から，ゼロプレッシャー気球の設計を行う方法の概略を述べる。ゼロプレッシャー気球の形状は，式(2.26)～(2.31)までの六つの式を解くことにより求められる。

　設計された気球につり下げ可能なペイロード質量の最小値と最大値を規定する。設計ペイロード質量の最小値は，気球底部の開き角度によって決まり，これは，無次元化皮膜重量 Σ_e で表される。この最小値より軽いペイロードをつり下げると満膨張時に気球底部近傍の1周の皮膜の長さが不足するため望ましくない。

　一方，設計ペイロード質量の最大値は，3.5.4項で後述するように，皮膜にかかる張力やロードテープの強度によって決まる。これは，放球時のように一部に浮揚ガスが入った状態で一部のロードテープが強度を受けもつ場合と，気球底部の開き角によって決まる満膨張時の張力の両方で評価する必要がある。以下に設計の一般的な流れを示す。

① 最小ペイロード重量 $F_{1,\min}$ とそのときの浮遊高度 $z_{b,\max}$ を決定する。
② 皮膜の種類と厚み，ゴアの数，ロードテープの種類と本数を仮定する。
③ 気球質量を計算する。
④ 与えられた浮遊高度から必要な気球容積を求める。
⑤ 気球の全長を仮定する。
⑥ 気球形状を計算し，このときの気球底部の開き角を繰り返し計算により求める。

⑦ このときの気球容積が必要な容積になるように気球全長を変更して⑥から繰り返す。

⑧ ロードテープと皮膜の張力の底部における評価をする。

⑨ ロードテープと皮膜の張力の頭部における評価をする。

⑩ 必要に応じて,皮膜の厚みやロードテープなどを調整する。

⑪ $b_g V_b = (m_b g + F_{1,\min})$ が満たされるまで③から繰り返す。

⑫ 条件⑧,⑨を満たす最大ペイロード重量 $F_{1,\max}$ とそのときの浮遊高度を求める。

実際は,気球底部にはフルネスと呼ばれる余分の皮膜を周方向に付加して製造時の誤差を回避することもあり,また,気球頭部には補強のため皮膜を2重,3重にする場合もあり(3.5.4〔1〕項参照),上記の流れは複雑となる。

〔2〕 **スーパープレッシャー気球** 3次元ゴア方式によれば,スーパープレッシャー気球の場合はその基本形状はつねに相似形であるから,ゴアの張り出し半径 R_φ を決めれば,気球容積を計算することができる。したがって,浮遊高度と内外の最大圧力差を与えると皮膜の厚さやロードテープの強度が決まるため,気球質量を求めることができる。この計算を,与えられたペイロードをつり下げて与えられた浮遊高度に浮くことができる気球のサイズになるまで繰り返し計算する。

3.5.3 製 造 工 程

大型のゼロプレッシャー気球は標準的製作工程が確立しているが,スーパープレッシャー気球はいまだ開発段階である。したがって,ここでは,ゼロプレッシャー気球の製作工程を詳しく説明し,スーパープレッシャー気球については,試みられている技術の要点のみ述べるにとどめる。ゼロプレッシャー気球の代表的仕様(容積,本体質量,長さ,ゴア数など)は**付録3**.を参照されたい。

〔1〕 **ゴアの成形と接合** 気球の気嚢は,ロールに巻かれた長いフィルムより**図3.37**のように紡錘型に切り出したゴアを縦に多数枚熱接着して製作す

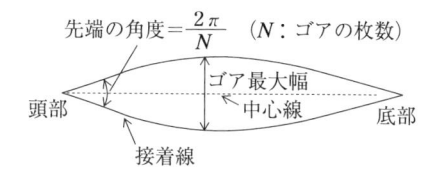

図3.37 気球製作における気嚢の1構成単位であるゴアの形状（長さ方向の寸法は短縮している）

先端の角度 = $\frac{2\pi}{N}$ （N：ゴアの枚数）
頭部　ゴア最大幅　中心線　底部
接着線

る。紡錘型の形状は，2.2節で求めた自然型気球の全体形状を縦に N 等分して求める。材料のフィルム幅は3m程度であり，大型の気球では半径の最大部は50mにもなるので，ゴアの枚数は100枚以上になる。

接着工程の例を図3.38に示す。接着器は，通常ベルトシーラーと呼ばれるもので，リング状の金属ベルト2枚を上段と下段に回転させておき，その加熱したベルトの間隙に2枚のゴアの縁を重ね合わせて送り込んで接合する。そのとき，補強用のロードテープもゴアと重ねて送り込んで接着する。当然，ベルトの加熱量は，制御器で精密に制御する。

図3.38 気球の製作におけるゴアの接着工程（提供：Raven Industries, Inc., Mr. Loren Seely.）

この工程は，ゴアの側を長いテーブル上に置き，接着器側が移動する。接合面は図3.39(a)のように拝み付け（fine seal）と呼ばれる形をとる。図(b)のようにゴアの縁を重ね合わせて接合する方式（lap seal）のほうが接合強度の点では有利であるが，作業上容易ではないので通常の気球では行われない。

(a) fine seal　　(b) lap seal

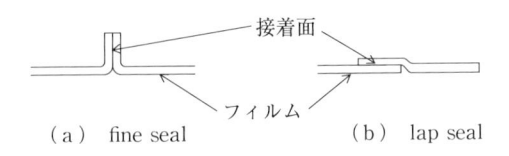

図 3.39　皮膜の熱接着方式

　ゴアの接着工程では，テーブルの直線状の縁に湾曲したゴアの側面を沿わせて接着することになるので取り扱いが煩雑となる．米国 Winzen 社（のちに，Raven 社に買収）は，Stable Table 法と名付けた以下のような工夫によってこの問題を解決し，効率的な気球製作法を実現している[16]．その方式の概略は以下の手順である．

① 机の上に，ゴアの形状をマーキングしておく．ただし，その形状は，本来の中心線で対称な形状ではなく，一方の縁を直線にし，そこからゴアの幅のみ同一にとった線を描く．

② ゴアの形状に切り出していない原材料フィルム 2 枚を重ねて気球の長さに広げ，その一方の縁どうしを接着する．

③ マーキングしたゴアの縁の線まで接着線を移動させ，接着していないフィルムの縁を机の縁に移動する．

④ 接着線をマーキングした位置に移動したゴアの上に，新しいフィルムを延ばして重ね，机の縁に沿って直線的に上下のフィルムを接着する．同時に接着線より外の余分なフィルムを切り取る．

⑤ ③ の工程に戻り，接着線をマーキングした位置まで移動する．

　このように，③〜⑤ の工程を繰り返すことにより気球の製作が進められる．この方式の特徴は，接着線は完全に直線となり，かつフィルムからゴアの形を切り出す工程が接着と同時に行えることにある．この方法では，ゴアの形は幅だけが設計値と同一で，形状は非対称となるので一見奇異に感じられる．しかし，実際の気球はゴアの最大幅が 3 m 程度であるのに対し，大型気球の場合の長さは 100 m 以上であるので，両者の形状の違いはごくわずかであって，フィルムの柔軟性で十分吸収される．

3.5 気球の製作

〔2〕 **頭部と底部の加工** 気球の頭部と底部では，ゴアのフィルム分の幅はほとんどなくなり，実質的にはロードテープが集中する。この部分を気密に閉じて気球とする。頭部フィッティング（top fitting）部は，平面状の形状であるので，**図 3.40** のように軽金属の円型の平盤を台座とし，その外周上で台座とリングの間にゴアの上端を挟んで折り返し，圧接による摩擦抵抗で固定する。

図 3.40 頭部フィッティング部の加工（提供：Raven Industries, Inc., Mr. Loren Seely.）

気球形状設計の節で述べたように，頭部には縦方向張力のすべてが集中するので，十分な強度で固定する必要がある。他方，フィルムやロードテープは圧迫する強度が強過ぎると強度が低下するので，固定する際の強度管理は重要である。底部フィッティング（bottom fitting）では，**図 3.41** のような軽金属の

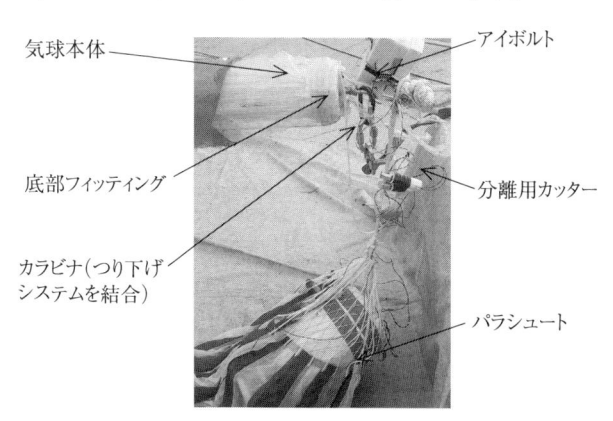

気球本体 ― アイボルト
底部フィッティング ― 分離用カッター
カラビナ(つり下げシステムを結合) ― パラシュート

図 3.41 底部フィッティング部の加工

円柱状の固定金具を用い，ゴアの下端をリングで絞めて固定する。また，固定具の下部にはつり下げシステムの上端を固定するためのアイボルトなどを取り付けておく。

3.5.4 構造強度
〔1〕ゼロプレッシャー気球

（1）気球の強度　2.2.3〔6〕項で述べたように，3次元ゴア設計法によらない従来からの方式で製作されるゼロプレッシャー気球では，フィルム張力は2軸方向に複雑に発生し，気球としての実質的強度は同じ容積の球形気球とほぼ同一の強度を示す。皮膜負荷が最大となるのは，最も半径の大きい点より少し上部である。

標準的な例として，容積 100 000 m³ の気球が高度 35 km (大気圧 570 Pa，大気密度 0.008 5 kg/m³) で水平浮遊する場合を考える。球に換算した気球の半径はおよそ 30 m である。気球頭部付近での内外圧力差は式 (2.49) より大気圧の 0.6 % 程度であるので 3 Pa となり，フィルム張力は，90 N/m 程度となる。

一方，20 μm の気球用フィルムの低温における破断強度は，表 3.3 に示したように約 600〜1 100 N/m であるので，7〜12 倍の安全率が得られることになる。

ゼロプレッシャー気球の場合，相似形状であれば，頭部に加わる負荷は大気圧の高い地上が最も大きく，上空との大気圧の比の3乗根に比例して6倍程度に増大する。ただし，地上での形状は差圧ゼロの点が上部にあることや，フィルム量が多いことにより，実質的な倍率は，おおむね2倍強となり，安全率は不足する。地上では，気球の頭部にのみガスが詰まった状態であるから，もし気球全体を地上での安全率に合わせて強化すると無駄な重量増をもたらす。そこで，大型気球では頭部のみフィルムを2重，3重にして強度を確保する。これを，ダブルキャップ (double caps)，トリプルキャップ (triple caps) と呼んでいる。

3.5 気球の製作

(2) ロードテープに必要な強度　気球の底部では，底部に集まったロードテープにつり下げロープを結合し，ペイロードをつり下げる。ペイロード荷重 W_p は，まずすべてロードテープに加わる。図 3.42 のようにロードテープの本数を N 本，底部の開き角を θ_n とすれば，満膨張状態の気球のロードテープ 1 本当りに加わる荷重 W_r は

$$W_r = \frac{W_p}{N \cos \theta_n} \tag{3.30}$$

となる。

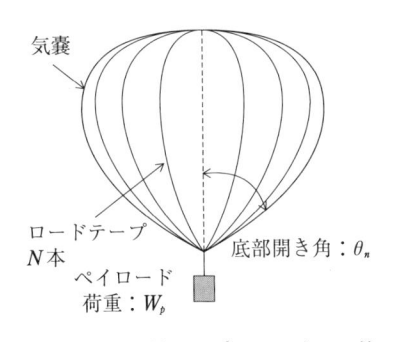

図 3.42　ロードテープへのペイロード荷重の伝達

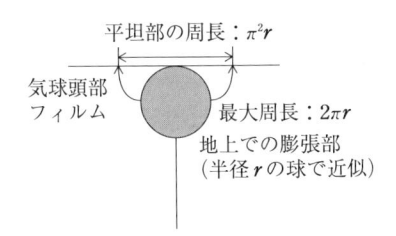

図 3.43　地上での膨張時におけるロードテープの過剰分

一方，地上で浮揚ガスを注入している段階では，ロードテープへの負荷は，上空より増加する。地上で膨らむ気球の体積は，地上での大気圧と水平浮遊高度での大気圧の比に比例するので 1/100 以下となる。2.2.2 項で述べたように，自然型気球の頭部の形状は水平であるから，地上で膨らんでいる部分は，この満膨張のときの水平部分である。したがって，フィルムは周方向に大きな過剰があり，縦じわができる。

いま，図 3.43 のように，地上における気球形状を球で近似し，満膨張時の気球容積が十分に大きいと見なしてその膨らみを作る気球の頭部を平面で近似することにする。地上での球の半径を R_0 とすると，その赤道部分の周長は $2\pi R_0$ であり，その部分に対応する平面状のフィルムの周長は $2\pi(2\pi R_0/4)$ であるから，両者の長さの比は $\pi/2 ≒ 1.6$ となる。この約 60 ％の余剰部分では，

ロードテープは外側に張り出す力をフィルムから受けられないので，気球の内部に落ち込むくびれ現象（buckling）が発生し，浮力を支えることができない．かつ，未膨張部分の重量も加わるので，ロードテープの負荷は満膨張の状態より2倍近くに増える．

〔2〕 **スーパープレッシャー気球**　気球内圧と大気圧の差が Δp である場合のフィルムとロードテープの張力は以下のようになる．Δp の値は，2.3.2項で述べたように，自由浮力と全気球システム重量との比に気球が飛翔する高度の大気圧を乗じたものの2倍程度である．自由浮力の比を8％，浮遊高度を上記ゼロプレッシャー気球と同一の 35 km（大気圧 570 Pa）とすれば，Δp は約 90 Pa となる．

（1）**フィルム張力**　3次元ゴア設計法により製作すると，原材料皮膜の幅は3m前後であるから，ロードテープ間の張り出しによる周方向曲率半径は1m程度にできる．したがって，皮膜に発生する周方向張力は約 90 N/m となり，ゼロプレッシャー気球と同程度の強度で十分となる．

気球の浮遊高度が高くなるに従って，気球周囲の大気圧が減少し，ロードテープ1本当りに生じる張力および皮膜の張力はともに減少する．こうした点を考慮すれば，通常の科学観測に必要となる十分に高い高度においては，現在ゼロプレッシャー気球用皮膜に使用されているポリエチレンフィルムでも強度的には十分である．

例えば，20 μm 厚のポリエチレンフィルムを使用したスーパープレッシャー気球の場合，図 3.44 に示すように容積 100 000 m³ の気球によりペイロード 500 kg を高度 33 km に浮遊させることが可能である．容積 200 000 m³ の気球を用いれば到達高度は 36 km になる．これは，現在広く使用されている通常のゼロプレッシャー気球と重量，大きさに遜色がないことを意味しており，現在のゼロプレッシャー気球と同一の材料で，製造方法を多少変更するだけで，大型のスーパープレッシャー気球も容易に実現可能である．

ちなみに，もし半径 30 m の単純な球形気球であれば，圧力差 90 Pa のもとでは張力は 1 350 N/m となり，軽量皮膜として実現するにはあまりにも大き

3.5 気球の製作　　*145*

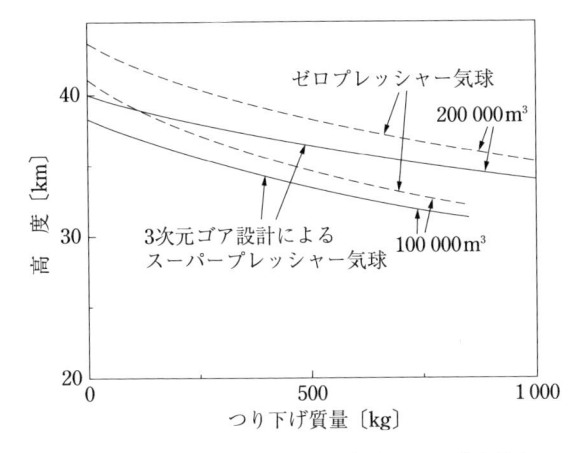

図 3.44　スーパープレッシャー気球による到達高度

な値となる。

（2）ロードテープ張力　ロードテープに作用する張力の総和は，気球に発生する全縦方向力であるから，赤道断面積と圧力差 Δp の積となる。前述した気球の例ではロードテープの本数は100本近いので，1本当りの張力は，2600 N となる。したがって，ロードテープとしては，高張力繊維を束ねたロープが用いられる。

3.5.5　品 質 管 理

気球は，製作されたあとでは，放球する前の段階で試験的に膨張させるなどの直接的品質検査を行うことはできない。放球場では，箱詰めされて輸送された気球を放球作業時に取り出し，そのまま放球する。したがって，その製品としての信頼性は製造工程での品質管理に全面的に依存する。現行の品質管理はおおよそ以下のように進められている。

〔1〕**フィルム素材段階での管理**　ポリエチレンフィルム製造プラントでは，フィルム素材のサンプル検査として，フィルム厚のばらつき検査，および常温と低温での引っ張り強度検査を行う。また，低温特性検査の一つとして，低温下に置かれたフィルム上に鉄製の球を一定の高度から落とし，フィルムが

放射状に裂けた様子から2軸の低温強度特性を判定する。こうした検査は，フィルムのロール単位で行われる。

〔2〕 製造段階での管理

（1） **フィルム欠陥の検査**　気球製作プラントでは，まずフィルム面の欠陥を検査する。工場に搬入されたロールフィルムを，気球製造用のロールに巻き直す際，広げられたフィルム面を2枚の偏光板の間に通過させ，目視でピンホールやフィルムの傷，不均一などの欠陥を発見し，マーキングする。大きな欠陥は，そこでフィルムを切り取って連続使用をやめ，小さなものは，気球製造工程でパッチを当てて補修する。

（2） **熱接着工程の検査**　フィルムとロードテープの熱接着工程の品質確保には，接着ラインを担当者が目視で検査し，気泡，タック，しわ等の欠陥を項目ごとにカウントし，接着ラインに沿った分布を求める。一定以上欠陥があれば不合格とする。また，接着の開始点と終了点には余分の長さを作っておき，図3.45のように，切り取って一定の引っ張り負荷を加えたあと，引っ張り試験器により接着強度を検査する。

［茶飲み話］　飛ぶときは風まかせ，作るときは足まかせ

　　ダラスに近いテキサス州サルファスプリングスにあるRaven社の気球工場はやたら細長い。人工衛星からの写真でも容易に識別可能という。容積100万m^3にもなる大型気球では，地上に置いた長さは200mほどにもなる。前後の作業スペースを加えると300mほどの建物になってしまう。その中で，図3.38のように長い木製のテーブルが置かれ，その上で気球の製作が進められる。
　　テーブルを挟む門型の移動台に皮膜用のフィルムのロールを取り付け，机の端から端まで人力で押しながらフィルムを机の上に広げていく。つぎに，その側面を連続的に接着し，接着線を机上のマーキング位置に移動し，そしてまた新しいフィルムを広げて……と作業を繰り返す。1工程5往復ほどである。気球は200枚以上のフィルムを貼り合わせるので，往復の総距離は400km近くなる。それを6人1チームの女性の作業員で淡々と進め，6週間程で完成させている。なんと，1人当りの1日の歩行距離は10kmを超えるとのこと。

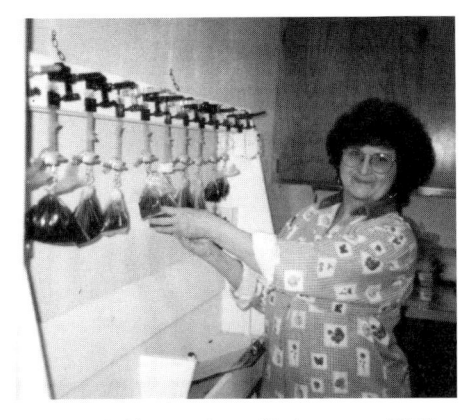

図 3.45 接着サンプルの強度テスト（提供：Raven Industries, Inc., Mr. Loren Seely.)

3.6 高層気象観測で使用するゴム気球

3.6.1 気象観測用ゴム気球

ゴム気球は，高層の気象を観測するために不可欠な存在で，標的として用いる場合と，気象観測器を上空まで運ぶ手段として用いる場合がある。

ゴム気球を標的として用いる気象観測には，上空の風を観測する測風気球観測（パイボール観測）と測雲気球観測がある。測風気球観測は，小型のゴム気球に規定の速度で上昇するように浮力を与えて飛揚させ，これを測風経緯儀（望遠鏡を水平および垂直面内で回転するように取り付け視準した物体の方位角と高度角を測定する測器）で追跡して上空の風を観測する。測雲気球観測は，気球（シーリングバルーン）を放球してから雲に入るまでの時間を測定することにより，雲底高度を測定する。

高度約 30～35 km までの気圧，気温，相対湿度（以下「湿度」という），風向風速などを直接測定する高層気象観測では，気象観測器（ラジオゾンデ）をつるして飛揚するための運搬手段として，ゴム気球を用いる。観測結果はテレメータで観測所に送られる。またこの気球は，高層風を観測する標的としても用いられる。

ゴム気球に充填する浮揚ガスには水素を用いている。

〔1〕 **気象観測用ゴム気球の製造**　気象観測に使用するゴム気球は，天然ゴムラテックス（以下「ラテックス」という）を主原料とするものである。ラテックスは，ゴム植物の樹皮から得られる乳状の分泌液で，種々の有機，無機物の水溶液を分散媒とし，ゴムを分散質とする一種のコロイドゾルでこれを濃縮して生ゴムの原料となる[17],[18]。気象観測用ゴム気球の製造工程を図 3.46 に示す。

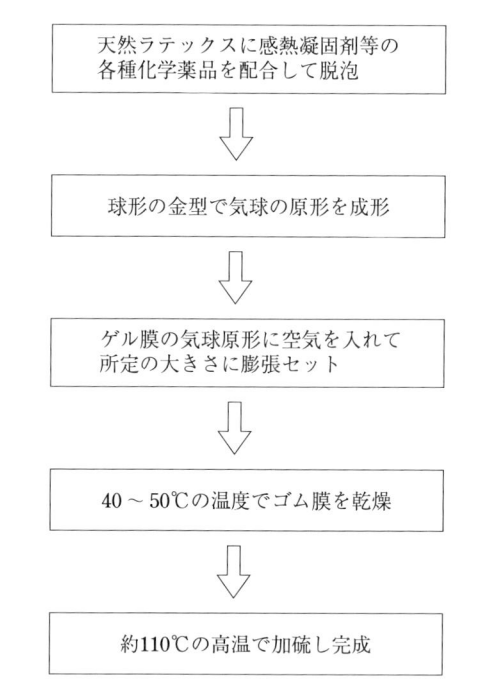

```
┌─────────────────────────┐
│ 天然ラテックスに感熱凝固剤等の │
│ 各種化学薬品を配合して脱泡   │
└─────────────────────────┘
            ↓
┌─────────────────────────┐
│ 球形の金型で気球の原形を成形   │
└─────────────────────────┘
            ↓
┌─────────────────────────┐
│ ゲル膜の気球原形に空気を入れて │
│ 所定の大きさに膨張セット     │
└─────────────────────────┘
            ↓
┌─────────────────────────┐
│ 40～50℃の温度でゴム膜を乾燥  │
└─────────────────────────┘
            ↓
┌─────────────────────────┐
│ 約110℃の高温で加硫し完成    │
└─────────────────────────┘
```

図 3.46　ゴム気球の製造工程

ラテックスはそのままでは固化（ゲル膜の形成）しないことから，硫化物，酸化亜鉛，アンモニウム塩などの加硫剤，加硫促進剤，ゲル化剤，老化防止剤，分散剤，安定剤などが配合される。これを配合ラテックスと呼ぶ。配合ラテックスは，気球のゴム膜に気泡ができないように脱泡する。酸化亜鉛とアンモニウム塩は亜鉛アンミン錯塩を作り，これに熱を加えることにより凝固体を生成しゴム膜が作られる。

気球の原形（ゲル膜）は，脱泡した配合ラテックスを球形の金型に入れ，ローテーショナルモールディング法で製造する。この方法は，配合ラテックスを入れた金型を約80℃の温湯の入った槽内で直交する2軸で自転と公転の回転を加える。配合ラテックスは熱で凝固する際に型の内面に一様で均一な厚さのゲル膜を形成させ，気球の原形を成形する。金型から取り出された気球の原形は，ゲル膜が乾燥する前に，口管部から空気を吹き込み所定の大きさ（直径が約6倍になるまで）に膨張セットする。そのあと，40〜50℃の温度で乾燥したのち，約110℃の温度で加硫してゴム気球は完成する。

〔2〕 **気象観測用ゴム気球の種類と大きさ**　気象観測用ゴム気球の大きさはその自重で表し，高層気象観測では，気球に取り付けて飛揚する気象観測器などの重量（懸垂物重量）や観測高度（到達高度：気球のゴム膜が膨張限界に達して破裂する高度）により**表3.4**にあげるような種類の気球を使用する。なお，表中には，各気球が定められた上昇速度で飛翔するための自由浮力（純浮力）の値を示している。

表3.4 気象観測で使用するおもなゴム気球の規格(気象庁の資料より引用)

気球種別	重量〔g〕	口管内径〔cm〕	懸垂物重量〔g〕	純浮力〔g〕	到達高度〔km〕	使用目的
60 g	60±4	1.4±0.3	—	146[*1]	4.0以上	パイボール観測
200 g	200±12	3.2±0.4	200	1 200[*2]	14.0以上	レーウィン観測
600 g	600±27	3.2±0.4	300	1 600[*2]	27.0以上	レーウィンゾンデ観測
800 g	800±30	3.2±0.4	600	1 800[*2]	28.0以上	レーウィンゾンデ観測
1 200 g	1 200±50	3.2±0.4	300	1 700[*2]	33.0以上	レーウィンゾンデ観測
2 000 g	2 000±80	5.0±0.4	1 400	2 000[*2]	27.0以上	オゾンゾンデ観測

注）*1は上昇速度を200 m/min に，*2は上昇速度を360 m/min に設定する場合の純浮力である。

60 gゴム気球は日中のパイボール観測に用いられ，雲の高さを測る測雲気球観測にはさらに小型の20 gゴム気球が利用される。200 gゴム気球は，小型軽量な気象観測器を用いて高層風を観測するレーウィン観測や，高度約20 kmまでの気圧，気温，湿度，高層風を観測するレーウィンゾンデ観測にも利用される。600 gゴム気球は，主要な高層気象観測である高度約30 kmまでの

気圧，気温，湿度，高層風を観測するレーウィンゾンデ観測に使用される．オゾンの鉛直分布などを観測するオゾンゾンデ観測は，観測器が重いことから，2000 g ゴム気球を用いる．ゴム気球にはさらに重い観測器をつるして飛揚することのできる 3000 g ゴム気球，4500 g ゴム気球がある．

3.6.2　ゴム気球の上昇速度

60 g ゴム気球によるパイボール観測の場合は，高度を測定する測器を用いないことから，気球に充填したガス（水素ガスまたはヘリウムガス）量による自由浮力から計算により気球の高度を求める．パイボール観測の上昇速度は毎分 200 m に設定する．ラジオゾンデの場合は，温度センサなどへの通風速度とセンサの応答速度から上昇速度を通常，毎分 360 m に設定する．

気象観測に用いられるゴム気球の上昇運動は，膨張したゴムの張力による気球内圧の上昇分を無視すれば，2.4.2 項で述べた気球の一般的上昇運動において，ガス温度と大気温度が等しいと近似した場合と基本的に同一であるとして扱っている．こうした単純化を図った場合の上昇速度を気象観測で定式化されている体裁に従って整理すると以下のようになる．すなわち，自由浮力を L，懸垂物重量を M，気球重量を W，標準状態での空気密度と水素密度を ρ_0，σ_0 とすれば，上昇速度 v は

$$v = \frac{KL^{1/2}}{(L+M+W)^{1/3}} \tag{3.31}$$

となる．ここで常数 K は飛翔高度の大気密度を ρ とすれば

$$K = \left(\frac{4\pi}{3}\right)^{1/3}\left(\frac{2g}{C\rho\pi}\right)^{1/2}(\rho_0 - \sigma_0)^{1/3} \tag{3.32}$$

であって，抵抗係数 C が与えられると一義的に定まるが，気球の材質や形状により異なるため，実際の飛揚結果による実測をもとに経験的に決められる．600 g ゴム気球でラジオゾンデ（RS 2-91 型レーウィンゾンデ）を飛揚する場合は，式(3.31)において上昇速度の単位に〔m/min〕を，自由浮力等の単位に〔g〕を使用し，$K = 122$ を用いる[19]．この値を用いた 600 g ゴム気球の自由浮

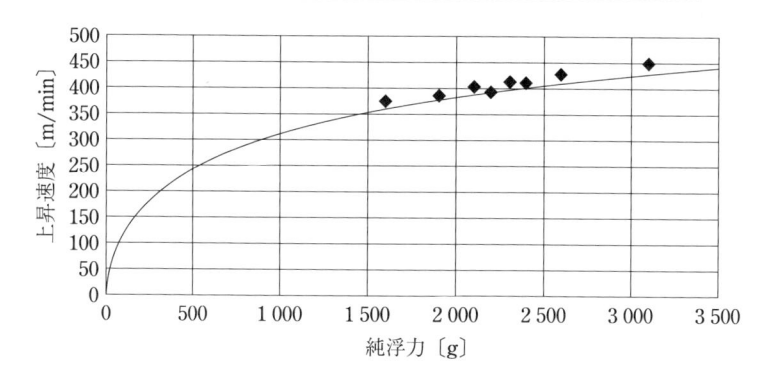

図 3.47　600 g ゴム気球の自由浮力（純浮力）と上昇速度の関係図

力と上昇速度の関係を**図 3.47** に示す．図中には，気象庁高層気象台（つくば）における実測値の例を「◆」で示してある[20]．

3.6.3　ゴム気球の到達高度

膨張しながら上昇を続ける気球は，ゴム膜の伸張限界に達し破裂する．この破裂する高度（気圧）を気球の到達高度という．高層気象観測は気球の破裂によって終了することから，ゴム気球の到達高度は高層気象観測の上限を決める重要な支配因子である．気球は膨張しても密度 ρ_b が変わらないとすれば，破裂する最大体積 $V_{b,\max}$ とゴム皮膜の伸張限界膜厚 $d_{\min}$ との関係は

$$V_{b,\max} = \frac{4\pi}{3}\left(\frac{W}{4\pi d_{\min}\rho_b}\right)^{3/2} \tag{3.33}$$

である．この最大体積となる気圧，すなわち到達高度の気圧は

$$P_b = \frac{T_b}{T_0}\frac{P_0(L+M+W)}{(\rho_0-\sigma_0)V_{b,\max}} \tag{3.34}$$

となる．ここで，T_0, P_0 は地上の大気温度と気圧，T_b は気球高度での大気温度である．

気象庁高層気象台における観測データから求められた気球破裂時の膜厚は，約 3.5 ミクロンである．高層気象台の観測データによる気球の大きさと到達高度（気圧），気球破裂時の膜厚を**表 3.5** に示す[20]．

表3.5 気球の大きさと到達高度(気圧)および破裂時の膜厚
(気象庁の資料より引用)

気球の大きさ	600 g	800 g	1 000 g	1 200 g	1 500 g
純浮力の平均〔g〕	1 600	1 760	1 700	1 700	1 700
懸垂物重量〔g〕	300	410	400	400	410
到達気圧〔hPa〕	8.4	5.9	4.8	4.3	3.1
破裂時の推定膜厚〔ミクロン〕	3.47	3.33	3.46	3.29	3.45
上昇速度の平均〔m/min〕	375	367	365	364	351

3.7 気球の利用

3.7.1 科学観測

〔1〕 **大気の影響が少ないことを利用する観測・実験**　宇宙空間から飛来する電磁波，粒子の多くは地球大気によって吸収され，地表にまで到達するのはごくわずかである。図3.48は，大気により1/2, 1/10, 1/100に減衰する高度と波長の関係を示している。波長0.1 mm以上の電波と3 800～7 700 Å（1

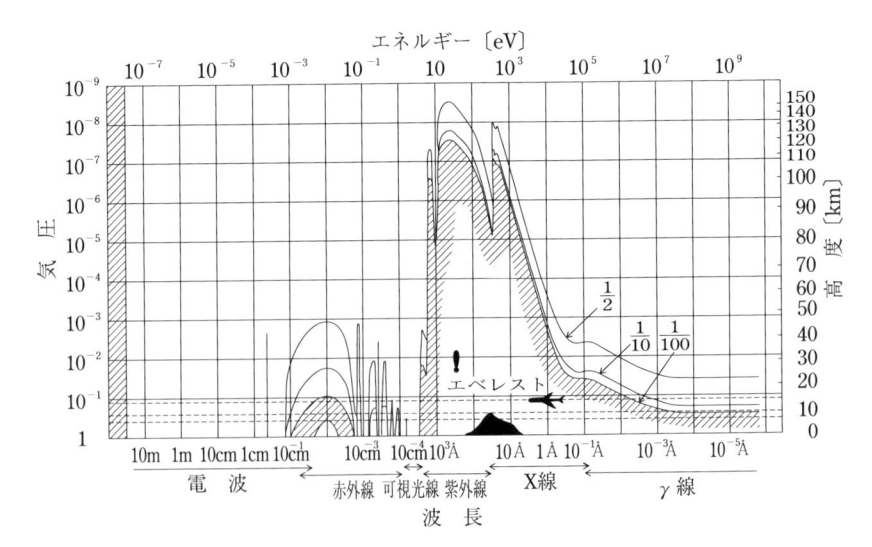

図3.48 大気による到来エネルギーの減衰〔出典：日本航空宇宙学会編，"航空宇宙工学便覧　第2版"，丸善（1992）〕

nm＝10^{-9}m＝10Å）までの可視光線のみがほとんど減衰を受けないだけで，ほかはなんらかの影響を受ける．

赤外線はおもに対流圏に存在する水蒸気により減衰する．しかし，減衰量は高度 30 km 以上では急速に減少するので，気球での観測が有効な波長領域である．ただし，希薄な大気自体からの輻射は，遠赤外線領域の観測の妨害となる．**図 3.49** に，航空機高度（14 km）と気球高度（35 km）での波数 65 付近の遠赤外線の放射率を示す[21]．

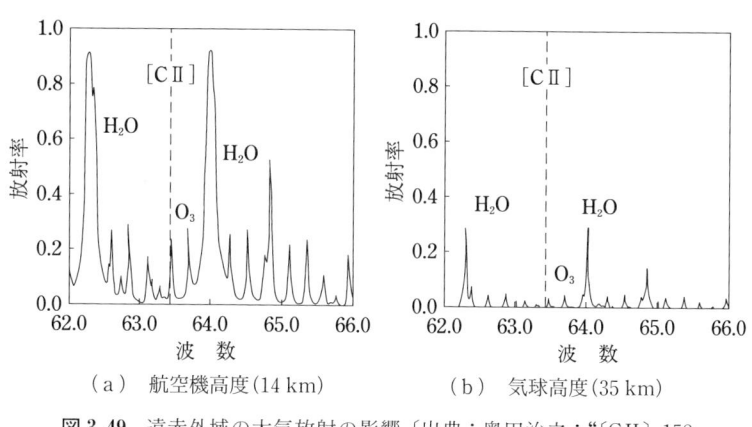

図 3.49 遠赤外域の大気放射の影響〔出典：奥田治之："〔CII〕158 μm 線による銀河構造の研究"，平成 5 年度科学研究補助金（一般研究 A）研究成果報告書(1994)〕

成層圏のオゾン層よって吸収される紫外線は，可視光線に近い波長領域のみが観測可能で，分子，原子，イオンの光電吸収効果による減衰の大きい遠紫外線から X 線の領域は気球高度からでは観測は困難である．硬 X 線から γ 線は減衰量が減少するので可能性が高くなる．ただし，気球はできるだけ高い高度に上昇することが求められる．

図 3.50 は，わが国の気球実験の初期の段階の大きな成果の一つである，はくちょう座の中に X 線源の位置を特定した記録である．また，**図 3.51** は，波長 60 μm と 160 μm の領域を観測する遠赤外線望遠鏡であって，方向制御により，天空を精密に走査する観測器である．ゴンドラの頭部にある腕が，観測器

154　　3. 成　層　圏　気　球

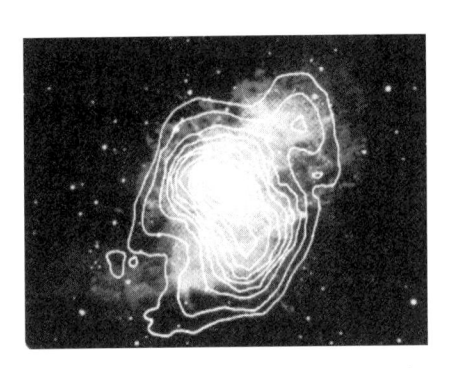

図 3.50　はくちょう座 X 線のマッピング
　　　　（提供：宇宙科学研究所）

図 3.51　遠赤外線観測望遠鏡

を方位角方向に駆動するリアクションホイールの役割を担う。日本，米国テキサス州および南半球のオーストラリアで観測を繰り返し，**図 3.52** に示すような，銀河面の全体にわたる詳しい赤外線マップの取得に成功している[21]。

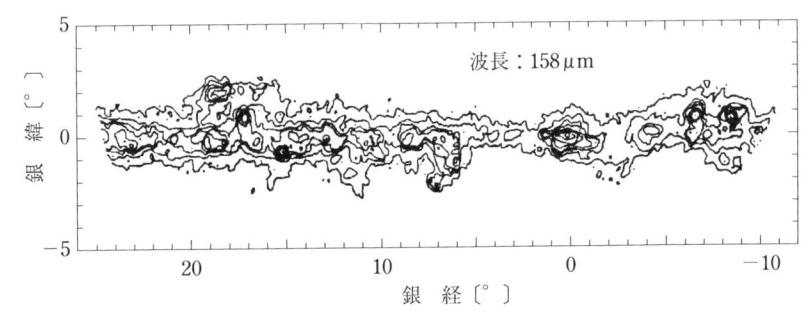

波長：158 μm

銀緯 [°]

銀経 [°]

図 3.52　銀河面の遠赤外線によるマッピング図〔出典：奥田治之："〔CII〕158 μm 線による銀河構造の研究"，平成 5 年度科学研究補助金（一般研究 A）研究成果報告書(1994)〕

宇宙線とは，光速に近い速さで宇宙空間から飛来する，高いエネルギーをもった陽子，原子核，電子などである。これらを一次宇宙線と呼ぶ。宇宙線は地球大気に突入すると，空気中の酸素や窒素の原子核と衝突して相互作用を起こし，中間子などの二次粒子を発生させ，それらがまた空気の核と衝突してさら

3.7 気球の利用

に二次粒子を発生させる。低い高度では，大部分がこの二次宇宙線である。

近代科学気球の発祥時に多くの成果をあげた観測は，この二次宇宙線を調べる原子核物理学の研究であった。陽電子，中間子などこの時期に発見された多くの新しい素粒子の解明が気球実験を通じてなされている。こうした研究は，地上に巨大な加速器が建設されるとともにその立場を譲り，より高高度での一次宇宙線を観測する，宇宙物理，天文学の研究が中心となる。

ただし，地上の加速器では実現できない高いエネルギーをもった粒子が宇宙線の中には存在し，核物理としての研究課題も依然として存在する。口絵3に写っている放球寸前の白色に塗られた観測器は，そうした両面にわたって活躍している宇宙線検出器の一例である。図 3.53 に示すように，外側は薄肉円筒の超伝導磁石になっていて，内部に宇宙線検出器が組み込まれている[22]。主要な観測対象は，超伝導の強力な磁界の効果で，粒子の荷電極性を弁別し，宇宙から飛来する反物質を観測する。

放球時の様子は口絵3参照

図 3.53　超伝導マグネットを備えた宇宙線観測器 BESS
　　　　（提供：高エネルギー加速器研究機構）

〔2〕 **気薄な大気そのものの観測** 成層圏は紫外線を吸収するオゾン層が存在し，生命の生存を可能にしている。また，そこでの CO_2 などの温室効果ガスの濃度変動は，地球全体の平均温度の変化をもたらす。地球規模の大気の循環にも成層圏は大きく寄与している。すでに，1970年代初めには，成層圏を飛行する超音速輸送機（SST）の排気ガスに占める NO_x のオゾン層濃度への影響が問題になり，社会的関心も高い。

図3.54はオゾン密度の高度分布を示している。気球は，こうした観測対象となる大気の中を長時間飛翔するため，「その場観測」による精度の高い観測

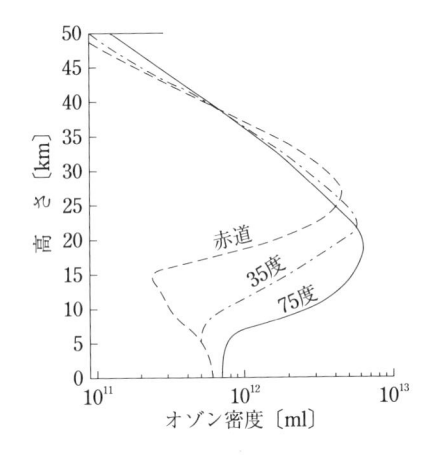

図3.54 オゾン密度の高度分布
〔出典：島崎達夫著，成層圏オゾン，東京大学出版会 (1989)〕

図3.55 成層圏大気を高度別に採取するクライオサンプリング装置

が可能である。**図 3.55** は，成層圏大気の微量物質の成分を観測するための，クライオサンプリング装置である[23]。成層圏の大気を高度別に 12 点採取し，回収後に大学や研究機関の精密な分析装置を利用して，詳しく成分濃度を調べる。希薄な大気を分析可能な量だけ採取するため，採取容器は液体ヘリウムで冷却されている。取り入れた大気は内部で固化するので，高度 30 km では約 3 000 倍に濃縮された大気が容器の中に採取される。そのほかにも，光学的手段や化学的手段で大気を観測する装置が開発され，実験が重ねられている。

3.7.2 工 学 実 験

〔1〕 **宇宙開発の前段階の実験** 気球高度まで昇ると，太陽および地球からの輻射環境や温度 3 K の宇宙空間に向かっての放射環境および一次宇宙線の影響は宇宙空間にかなり近づく。1950 年代には，米国空軍は Man-High 計画，海軍は Strato-Lab 計画で圧力容器を用いた有人気球実験を行い，宇宙開発の第一段階とした。

1960 年代初頭には，宇宙飛行士はマーキュリー計画用の宇宙服を着装しただけで，開放ゴンドラの中に座り，高度 35 km まで飛翔している。この時代には，砕氷船や空母を利用した大型気球の放球も行われた。その高速航行能力で，風下に向かって走り，海面風の影響を相殺して気球を広い甲板からスムーズに放球した[24]。

現代においても，宇宙開発の前段階の実験に気球は用いられる。例えば，30 km 以上の希薄な大気の高度から物体を自由落下させると，マッハ 1 程度の速度は容易に得られる。そこで，この方法を用いて宇宙空間から地球大気に再突入する帰還用カプセルや宇宙往還機の予備テストが行われる。**口絵 7** は，航空宇宙技術研究所と宇宙開発事業団により，高速飛翔体研究の一環として 2003 年に実施された放球前の実験機である[25]。場所はスウェーデンの ESRANGE である。

〔2〕 **無重量実験** 気球高度からの自由落下は，30 秒程度の無重量状態を作り出す。衛星を利用した宇宙空間での無重量実験に比べ短時間ではある

が，実験が手軽であること，回収までの時間が短いことなどの利点もある．低コストであることから，衛星や宇宙ステーションを利用する計画の予備段階の実験としても用いられる[26]．

〔3〕 **気球からのロケット打ち上げ（ロックーン）**　小型ロケットを気球につるして空気抵抗の少ない高高度まで運搬し，そこから発射することで到達高度を増そうとする試みは，観測ロケットの初期の段階でなされた．概略の見積もりとして，地上から打ち上げると高度20 kmに達するロケットを，気球で高度20 kmから打ち上げると100 kmに達する．

この方式は，ロケットと気球を組み合わせて「ロックーン（rockoon）」と命名された．米国では，1952年よりDeaconロケットを使って行われた．地磁気の磁極付近での観測が目的であったため，気球の放球は砕氷船上から行われた．プロジェクトのリーダーは，ヴァンアレン帯の発見で名高い，アイオワ大学のアレン（A.Van Allen）であった．

打ち上げは50年代後半まで続き，1957年には，36機ものロックーンがIGY（国際地球観測年）の一環として行われている．また，こうした観測は，有人宇宙飛行に備えての宇宙放射線の影響を調べる目的からも行われた．

わが国でも，IGYに向け国産の固体燃料ロケットの開発を進めていた東京大学生産技術研究所がロックーンに関心を示し，1956年には，ロケットと気球関係のグループが協力して進めるロックーン委員会がスタートしている．これには，気象庁も積極的に協力している．当初は，米国と同様に船舶からの放球を意図し，気象観測船凌風丸を用いて予備実験が行われたが，船舶の能力と運用の制約から陸上放球に変更された．

実験は，まず茨城の五浦で行われ，1958年6月に一機，気球からの発射に成功している．その後，本庄，下北半島の六ヶ所村と実験場を移して取り組まれた．1961年6月，気球高度20 kmからΣII型ロケットの発射に成功し，予定通り高度100 kmに到達した．科学観測としての宇宙線観測にも成功している[27]．**図3.56**はロックーンの実験風景である．

ロックーン自体は，観測ロケットの性能向上とともに行われなくなったが，

3.7 気球の利用　*159*

（a）下北半島六ヶ所村の実験場と研究メンバー

（b）ランチャーにつり下げられた放球直前のロックーン

図 3.56　日本におけるロックーン実験（提供：宇宙科学研究所）

特別な目的をもった実験はその後も行われている。図 3.57 は，1990 年に宇宙科学研究所が実施した「有翼飛翔体実験」である。ブースターロケットを備えた実験機を 20 km の気球高度から打ち上げ，高度 80 km に到達させてから高速での再突入飛翔実験を行っている[28]。

高度 20 km で気球から分離しブースターロケットに点火，高度 80 km まで上昇の後大気圏再突入飛翔を行った。

図 3.57　宇宙科学研究所の有翼飛翔体実験機（提供：宇宙科学研究所）

3.7.3 定常気象観測

ゴム気球に気象観測器をつるして飛揚し，上空の気温，相対湿度（以下「湿度」という），風向風速を測定する高層気象観測は，毎日，世界同時に定期的に行われる（**口絵 8**）。その観測値は天気予報の基礎である数値予報モデルの初期値に用いられる。数値予報モデルは，物理法則に基づいて大気の熱力学的構造と大気の流れを予測し，台風や低気圧，前線などの構造，盛衰，移動などを予想するものである。観測データは，航空機の運航に必要な気象情報および気候変動などの地球環境監視，気象現象の調査研究にも利用される。

気象観測器は，気圧・気温・湿度などの各センサとその測定値を無線で地上に送るための送信器で構成され，ラジオゾンデと呼ばれる。ラジオゾンデには，気圧・気温・湿度・風向風速を観測するレーウィンゾンデ，気圧と風向風速を観測するレーウィン，気圧・気温・オゾン量・風向風速を観測するオゾンゾンデなどがある。

〔1〕 **高層気象観測地点と観測時刻**　定常的に高層気象観測を実施する日本の観測地点は，気象庁が 18 地点，防衛庁が 2 地点である。気象庁は，気象官署 18 地点のほか，海洋気象観測船（4 隻）と南極昭和基地でも実施している。世界的には，約 900 地点の気象官署などで高層気象観測を実施している。

日本では，レーウィンゾンデ観測を日本時間の 09 時と 21 時に，レーウィン観測を 03 時と 15 時に実施している。オゾンゾンデ観測は，国内の 4 官署で毎週水曜日の 15 時に実施している。こうした観測時刻は WMO（世界気象機関）により国際的に取り決められており，観測データは全世界的な気象通信ネットワークである全球気象通信システム（Global Telecommunication System：GTS）により国際的に情報交換され世界中で使用される。

〔2〕 **高層気象観測に使用する地上装置**　ゴム気球に取り付けられて上昇するラジオゾンデは，気圧・気温・湿度などの変化を静電容量や電気抵抗の変化として直接測定し，無線で地上に送信してくる。地上では，この電波を受信・解読して上空の気圧・気温・湿度を観測することから，アンテナ，受信機，データを処理するための計算機などの地上装置が必要である。

3.7 気球の利用

現在，気象庁が使用しているJMA-91型高層気象観測装置の構成を図3.58に示す。この装置は，自動追跡型方向探知機で，ラジオゾンデから送信される電波の到来方向を自動的に追跡して，ラジオゾンデからの信号を受信するとともに，その方向の方位角と高度角（仰角）を測定する。方位角と高度角は，ラジオゾンデで測定した気圧・気温・湿度から計算される高度を用いて，ラジオゾンデの位置を算出するためのものである。高層風は，この位置の変化からラジオゾンデが上空の風で流された方向と距離を測定して，移動方向から風向を求め，移動距離をそれに要した時間で除して風速を求めることにより観測する。

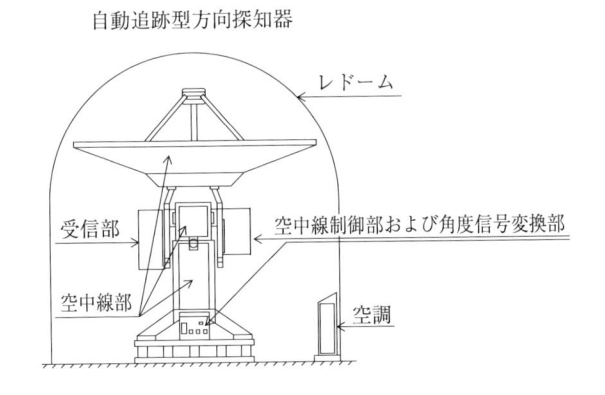

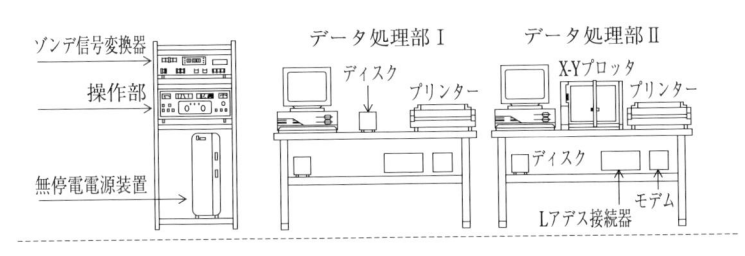

図3.58 JMA-91型高層気象観測装置の構成
(気象庁高層気象観測指針より引用)

高層風の観測には，方向探知方式のほか，GPSやロランなどの無線航法方式を利用する方式がある。無線航法方式は自動追跡のためのアンテナが不要であることから，アンテナや受信機などの地上装置は方向探知方式に比して簡易

である。海洋気象観測船などでは GPS 方式を使用している。

〔3〕 レーウィンゾンデ　　気象庁が定常観測に使用している RS 2-91 型レーウィンゾンデの概観を図 3.59 に示す。

気圧センサは，鉄・ニッケル合金を使用した直径 46 mm の空ごう式の気圧計で，気圧の変化に伴う空ごうの伸縮を空ごうと電極板間の静電容量の変化として検出し，気圧を連続的に測定する。気温センサは，応答速度が速く，温度変化に対する抵抗の変化がきわめて大きい性質をもつサーミスタを用いた温度計で，気温変化を抵抗の変化として測定する。湿度センサは，電極間に高分子感湿膜を形成し，湿度の変化による電極間の静電容量の変化を検出する静電容量変化式の湿度計である。気圧・気温・湿度センサの静電容量または抵抗の変化は CR 発振器で周波数に変換され地上に送信される。

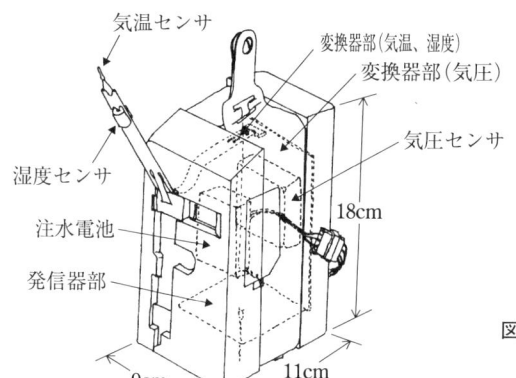

図 3.59　RS 2-91 型レーウィンゾンデ概観図（気象庁高層気象観測指針より引用）

地上では，この周波数信号を気圧・気温・湿度の物理量に変換して高度を計算し，この高度とアンテナの方位角・高度角から高層風を計算して，高度約 30 km までの気温，湿度，高層風を観測する。観測データの実例として，高層気象台における 2002 年 11 月 7 日 09 時の観測を図 3.60 と図 3.61 に示す。図 3.60 は，気圧対気温，気圧対湿度の変化を示した「P-T 線図」で，図 3.61 は，高度対風向，高度対風速の変化を図示した「高層風図」である。

〔4〕 高層気象観測資料　　高層気象観測資料は，観測中または観測直後に

［茶飲み話］　歴史を刻む館野高層気象台

　茨城県つくば市長峰に気象庁高層気象台がある（口絵8）。ここは，大正9年（1920年）に設立されたわが国で初めての高層気象観測点である。いまは近代的装いの筑波研究学園都市の一画を占め，1ブロック隣には宇宙開発事業団の筑波宇宙センターがある。しかし，当時は一面の山林と原野の中にあり，館野も長峰もその頃からの地名である。

　初代所長は大石和三郎氏という。氏は，設立間もないこの高層気象台で高度約10 kmまでの上層風の観測を精力的に開始する。観測法は，望遠鏡（測風経緯儀）でゴム気球を追跡するパイボール観測（3.6.1項参照）であった。そして，大正12年3月〜大正14年2月までの2年間に1288個もの気球を上げ，その観測結果より，冬期に強く吹く対流圏上部の偏西風（3.1.5項参照）の存在を発見している。気象研究の歴史に残る業績といわれる。

　研究の論文は，大正15年（1926年）に高層気象台報告第1号にエスペラント語で書かれて発表されている。大正デモクラシー下の国際主義の雰囲気が感じられて興味深い。報告集の名称は，"RAPORTO de la AEROLOGIA OBSERVATORIO de TATENO"，論文名は"Vento super Tateno"である。また同年に日本語でも，「館野上空に於ける平均風」として発表されている。

　その後，この研究成果は時勢とともに思わぬ方向に進む。軍国主義の伸張により外部への発表は抑えられ，やがて軍の管理下となる。そして太平洋戦争の末期に実施された「風船爆弾」の気象学的根拠となる。偏西風に乗せて数日でアメリカまで爆弾を運ぶこの気球は，タイマーで自動的に飛翔を終える。その設定時間は偏西風の速度を測定して決定された。この風船爆弾に関しては，吉野興一著，「風船爆弾」，（朝日新聞社刊，2000年）に詳しい。

　さて，時代は変わり，戦後の科学気球の黎明期の1950年代には，ここ館野の高層気象台では，宇宙線の研究者が気象台の全面的協力のもとに，ポリエチレン気球を用いて観測器を上げようと悪戦苦闘している。その間の事情は，当時の気象研究所高層物理部の石井千尋氏が書かれた解説〔石井千尋：気球による観測（IV），自然，昭和36年10月号，中央公論社（1961）〕に詳しく書かれている。

　大石氏の発見した偏西風が"ジェット気流"の名で国際的に認知されるのもまた戦後のことである。20年の歳月が経過している。

　敷地内には，草創期の活躍を偲ぶ質素な木造の大石記念館がある。

164　　3．成層圏気球

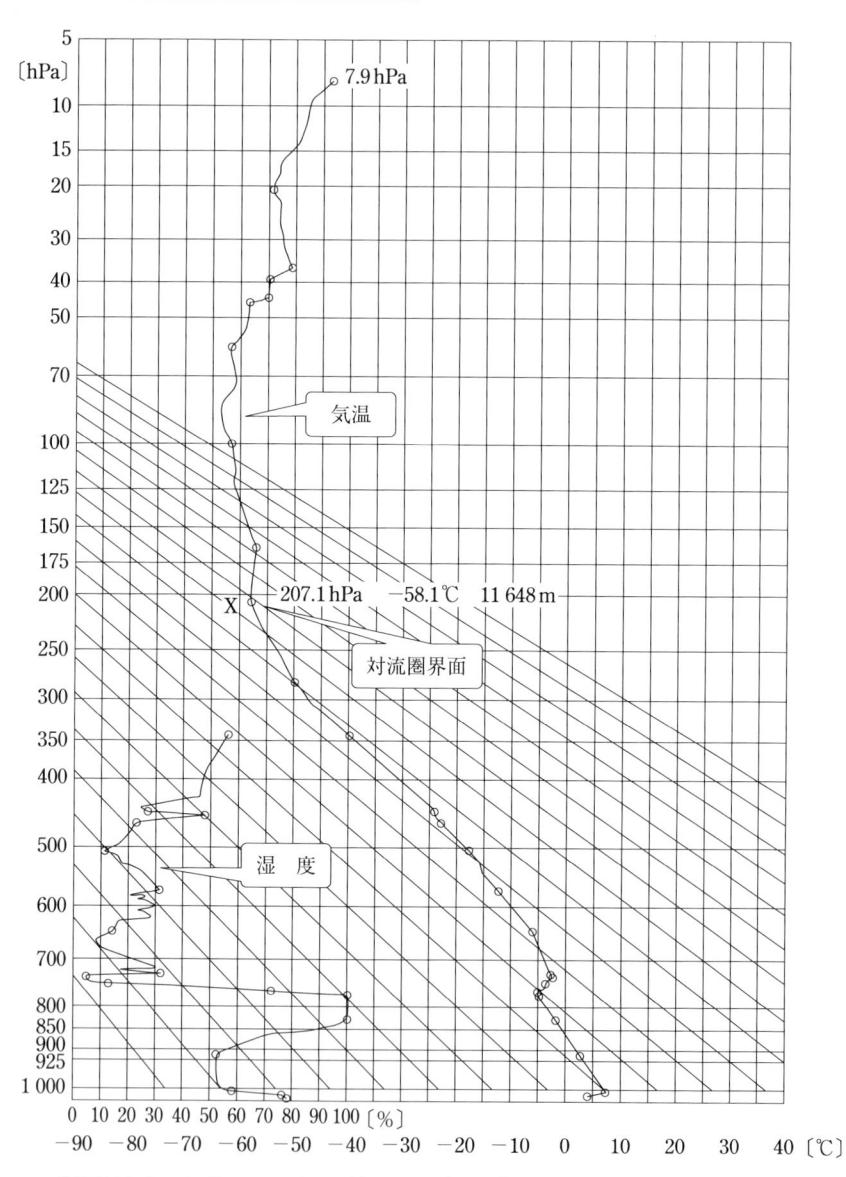

図 3.60　レーウィンゾンデによる気温と湿度の観測例

高層気象台における 2002 年 11 月 7 日 09 時（飛揚時刻 08 時 30 分）の P-T 線図である。〇印は気温と湿度の鉛直構造を再現するために国際的に定められた基準で選ばれた点を，X 印は対流圏界面（対流圏と成層圏の境で国際基準により選択）を示す。

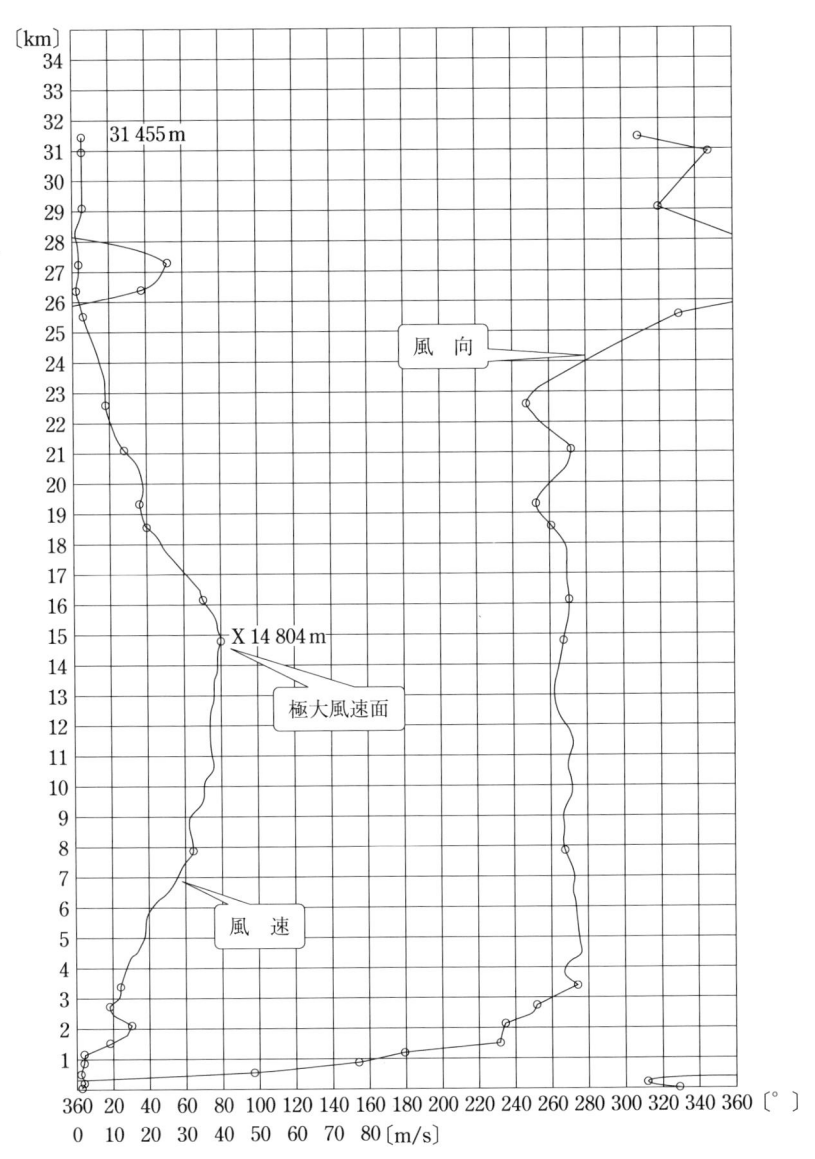

高層気象台における 2002 年 11 月 7 日 09 時（飛揚時刻 08 時 30 分）の高層風図である。○印は風向と風速の鉛直構造を再現するために国際的に定められた基準で選ばれた点を，X 印は極大風速面（国際基準で選ばれた点のうち風速が 30 m/s 以上で風速が最大の点）を示す。

図 3.61　レーウィンゾンデによる高層風の観測例

国際的に取り決められたフォーマットの気象報で即時に通報し国内外において天気予報に使用されるほか，CD-ROM に収録し一般に公表されている[29]。日本国内の高層気象観測資料を収録した CD-ROM には，毎月発行される気象庁月報，高層気象観測年報，平年値（1971〜2000年の統計値）があり，気象官署で閲覧できる。米国のワイオミング大学では，日本の高層気象観測資料を含む世界の高層気象観測資料をインターネットのホームページで公開している。

4 惑星気球

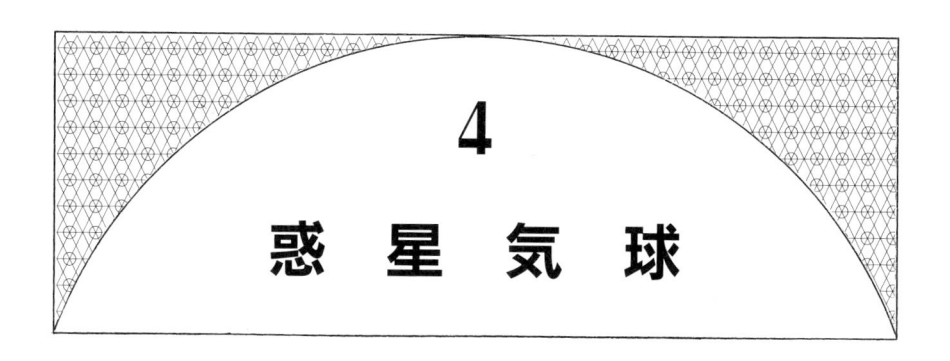

4.1 惑星の大気

　気球はこれまで地球においてさまざまな用途に用いられてきたが，将来はほかの惑星においても科学観測を中心とするさまざまな用途での利用が期待される。人間が地上を動き回ることが難しいほかの惑星でこそ，大気の流れに乗って広範囲を移動できる気球の意義は一層大きい。以下では，大気をもつ惑星の特徴と大気環境を概説する。なお，詳しくは文献（1）あるいは（2）などを参照されたい。

4.1.1　地球型惑星の大気

　表4.1は大気をもつ地球型惑星である地球・金星・火星，そして土星の衛星タイタンを比較したものである。図4.1では各惑星大気の温度構造を気圧を基準にして比較した。

　〔1〕　金　　星　　金星は地球とほとんど同じ大きさの惑星であるが，地球大気が窒素と酸素を主成分とするのに対して，金星の大気は二酸化炭素が主成分である。地表面気圧は地球の約90倍もあり，この大量の二酸化炭素がもたらす温室効果のために地表面での気温は735 Kに達する。高度50〜70 km（気圧1 000〜50 hPa）に惑星全体にわたって濃硫酸の雲が存在し，また地表面近くは高温で探査機の活動が難しいため，地表面や低層の大気の情報は限られている。レーダー観測の結果から地表面は比較的新しい時代（数億年前）に

4. 惑星気球

表 4.1 地球型惑星の基本パラメータ

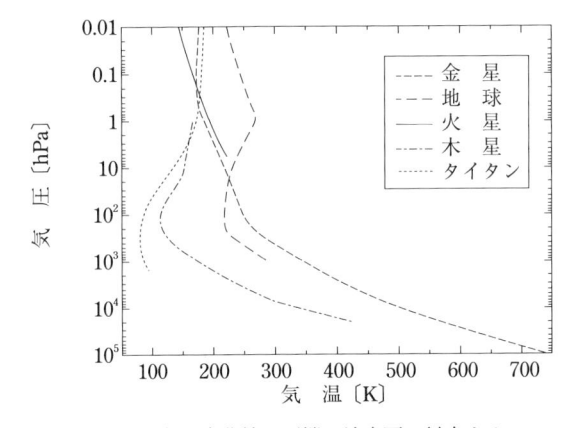

	地 球	金 星	火 星	タイタン
赤道半径(km)	6 378	6 052	3 397	2 575
質量(10^{24} kg)	5.97	4.87	0.64	0.13
地表での重力加速度(ms^{-2})	9.78	8.87	3.72	1.35
太陽からの距離(長半径, 10^8 km)	1.50	1.08	2.28	14.3
自転周期(地球日)	1.00	243.0	1.03	15.9
公転周期(地球年)	1.00	0.615	1.88	自転周期と同じ
大気主成分	N_2, O_2	CO_2 (96.5%)	CO_2 (95.3%)	N_2 (65〜98%)
平均地表気圧(hPa)	1 013	92 100	5.6	1 500
平均地表温度(K)	288	735	210	94
地磁気(nT)	5×10^4	無いか非常に弱い	局所的に残留磁化	未検出

木星を除き各温度曲線の下端は地表面に対応する。

図 4.1 地球,金星,火星,木星,タイタン(土星の衛星)の大気の温度構造

造り変えられたと考えられているが,これまで現在の火成活動の直接的な証拠は得られておらず,鉱物組成もよくわかっていない。

　大気の運動は地球と大きく違っており,観測によればほとんどの場所で西向きの風が吹いている。風速は,地表付近では数 m/s 以下であるが,高度とともに増大して雲層の上端では 100 m/s に達し,この高度の大気は 4〜5 日で 1 周する。金星の自転は西向きで周期 243 日であるから,雲層高度の大気は地面を追い越して自転の 60 倍もの角速度で回転していることになる。この高速の

風をスーパー・ローテーションと呼ぶ。スーパー・ローテーションのメカニズムはいまだ解明されておらず，気象学の大きな問題とされている。旧ソ連とフランスの共同ミッションであるVEGA金星気球は雲層高度を浮遊し，金星気象の研究の新しい可能性を示したが，スーパー・ローテーションの理解のためにはより低高度の気象データが必要とされている。

〔2〕**火　　星**　火星は地球の半分ほどの大きさの惑星である。大気は金星と同じく二酸化炭素を主成分とするが，はるかに希薄であり，気温は地球より低い。地表面は乾いており，大気中にはつねに細かな塵が浮遊している。この塵が太陽光を吸収して大気を暖めることが，火星の気象に大きな影響を与えている。低温のため，極域では大気の主成分である二酸化炭素が一部凝結し，ドライアイスとなって地面を覆っている。しかし火星にはかつて現在より暖かい時期があり，液体の水が表面を流れていたであろうことが，地形データなどから示唆されている。火星がどのような気候変動を経てきたのかを知るために，表面地形や鉱物組成を詳しく調べることが求められている。

　大気の運動は，大規模な風系については地球の成層圏と似ていると考えられている。すなわち，夏半球では極域が高圧部となるために地衡風の関係から東風が卓越し，冬半球では極域が低圧部となるために西風が卓越する。春と秋には両半球とも西風となる。また，火星の気象を特徴づけるものとして砂嵐がある。火星全体を覆うほど大規模な砂嵐が発生することもあるが，その発生機構はよくわかっていない。

〔3〕**タイタン**　土星の衛星タイタンは，地球の月（半径 1 738 km）や水星（半径 2 439 km）よりも大きく，惑星ではないが窒素を主成分とする濃い大気をもっている。地表面単位面積当りの大気質量は地球の 11 倍ほどであるが，重力加速度が小さいため，地表面での気圧は地球の約 1.5 倍である。大気には窒素のほかにメタンが含まれ，数%に達する可能性もある。厚い炭化水素のエアロゾルで覆われているために外から地表面を望むことはできない。炭化水素の海が存在する可能性が指摘されているが，現状ではよくわからない。太陽から遠いために極寒の世界である。

大気の運動はよくわかっていないが，リモートセンシングによる気温データから風速分布を推定した結果によれば，上層の大気は緯度45度において数十～100 m/sという速さで自転方向に回転している．一方，タイタンの固体部分は土星にいつも同じ面を向けたまま土星のまわりを公転しており，自転速度は緯度45度で8.3 m/sである．風速の推定結果が信頼できるならば，タイタンにおいても金星と同様にかなりのスーパー・ローテーションが生じていることになる．

4.1.2 木星型惑星の大気

木星型惑星に分類される木星・土星・天王星・海王星は，水素とヘリウムからなる厚い大気をもつ．明確な固体表面は存在しないか，あるとしても非常に深いところにある．外から見えるアンモニアやメタンの雲が存在する辺りでは100～1000 hPa程度の圧力で，それ以下では深さとともに高圧かつ高温になる（図4.1）．天王星を除く木星型惑星の特徴として，太陽から受け取る熱量と同じくらいの熱流が内部から出ていることがあげられる．

大気の運動については，雲の動きから推定できるごく表層では東西方向の風が卓越し，緯度により100 m/sを超える速度差が存在することがわかっているが，大気の大部分を占める深部の運動の様子はわからない．表層でみられる風系が深部まで連続的に続いている，あるいは表層と深部の運動はたがいに独立しているという，二通りの考え方がある．

木星では，米国のGalileo探査機から分離されたプローブによって大気内部の直接探査が行われた．プローブは22 000 hPa（表層の雲より200 km下）に到達するまでデータを取得して，太陽光が到達しない深部でも強い風が吹いていることを見い出し，また大気組成を明らかにするなど，多くの成果を得た．ただしここで強調すべき問題点として，プローブはホットスポットと呼ばれる特殊な場所に落ちたらしいということがある．ホットスポットは強い赤外放射が観測される場所で，雲が部分的に薄くなっている場所と考えられる．この観測では理論的に存在が予想されていた水の雲が検出されず，大気は非常に乾い

ていたが，このことはホットスポットが下降流域で水蒸気が少ない場所だとすれば説明がつく．Galileo プローブはデータの代表性に関して疑問点を残したわけだが，このような問題は広範囲を浮遊できる気球であれば解決できると期待される．

4.2 惑星気球の背景

4.2.1 惑星気球の特徴

大気のある惑星には地球上と同様に気球を浮遊させることが可能である．地球以外の惑星やその衛星の大気中に浮遊する気球を惑星気球（planetary balloon）と呼ぶ．惑星探査の手段として惑星気球を用いることにより以下のことが可能になる．

（1） 数 km～数十 km の接近した位置から惑星表面を高精度に観測
（2） 風に乗って惑星の広範囲を探査
（3） 大気自体の組成などを直接測定
（4） 気象ゾンデのように風速，風向の変化や分布を直接測定

こうした特徴から，大気のある惑星やその衛星を探査する手段として気球を利用しようとするのは当然の流れである．

このように，惑星気球は，オービター（orbiter）よりはるかに近くから観測を行うことができ，ローバー（rover）よりも活動範囲がけた違いに広く，航空機のように動力が不要ではるかに長い時間観測を続けることが可能であるという利点があり，惑星探査には理想的な手段である．大気などは直接その場での分析が可能で，周回軌道上の衛星によるリモートセンシングと相互補完できる．

飛翔経路や速度は通常風まかせで，その制御は困難であるが，なにもしなくても浮いていられて観測範囲が広いことは大きな魅力である．ただし，地球上で気球を上げるのと比較すると技術的な困難さが著しく増大する．

4.2.2 惑星気球の歴史

惑星気球は1960年代から欧米を中心にさまざまな計画が立案，検討されたが，これまでに実際に気球を飛翔させた例は，旧ソ連，フランスが共同で1985年に実施した2機の金星気球，VEGA-1およびVEGA-2のみである。これらの気球は，金星/ハレー彗星フライバイ（fly-by）ミッションの一部として，探査機が金星近傍を通過する際に大気中に投入された。高度約54 kmに約2日間浮遊させることに成功しており，その詳細は4.3.1項で述べる。

これ以降に実施されたミッションはないが，さまざまな惑星を対象とした種々のアイディアが提案されている。特にジェット推進研究所（Jet Propulsion Laboratory：JPL）はもっとも活発に惑星気球に取り組んでおり，多様な機能を有する気球を惑星エアロボット（planetary aerobot）と名付け，さまざまなコンセプトを研究，発表している。

4.2.3 惑星気球の特殊性

惑星気球は，地球上の気球と異なり，探査機により運ばれ，耐熱カプセルに収納された状態で目的とする大気に投入される。このカプセルは空力減速による最大加熱領域を通過してから，その蓋が開かれ，気球本体が伸張され，浮揚ガスにより膨張させ，最終的にカプセル，減速装置などの不要装置を切り離し，目標高度に浮遊させる。こうした過程は自律的に行われる必要がある。

各惑星の大気環境（温度，圧力，組成など）に応じた特殊な気球用皮膜，気球の浮遊方式，浮揚ガスの選択をする必要がある。気球が浮遊可能な惑星および衛星に使用可能な浮揚ガスを表4.2に示す。はるばる輸送して惑星の探査を行うのであるから，地球上の気球でも困難な数週間以上の長時間飛翔の実現も求められる。これにはスーパープレッシャー型気球であることが望ましい。

木星型惑星のように水素が主成分の大気では熱気球型の選択となる。太陽放射は弱いため，おもに下面すなわち惑星からの赤外放射をよく吸収し，気球の上面外側に工夫を施すことにより，宇宙空間にはできるだけ熱を放射しないようにすることが考えられる。

表 4.2 惑星大気の分子量と使用可能な浮揚ガス

惑星/衛星	大気主成分	平均大気分子量 [kg/kmol]	主たる浮揚ガスの候補
金　　星	CO_2	43.4	$H_2/He/CH_4/NH_3/H_2O$
地　　球	N_2, O_2	29.0	H_2/He
火　　星	CO_2	43.5	H_2/He
タイタン	N_2	28.6	H_2/He
木　　星	H_2	2.2	H_2
土　　星	H_2	2.1	H_2
天 王 星	H_2	2.6	H_2
海 王 星	H_2	2.6	H_2

4.3 惑星気球の事例

4.3.1 金星気球

二酸化炭素を主成分とする金星大気の温度，圧力，密度はそれぞれ，表面で 735 K，9 MPa，65 kg/m^3，高度 20 km で 580 K，2.2 MPa，20 kg/m^3，高度 50 km で地球上と同程度の 350 K，0.1 MPa，1.6 kg/m^3 である（図 4.1 参照）．4.1.1〔1〕項で述べたように金星自転速度の数十倍の強い偏東風が吹いているため，気球の飛翔により，短時間に非常に大きい範囲の観測ができることが特徴である．

また，金星気球は大気が非常に濃密であるため，高度を低くとればかなりの小容積の気球でも十分な浮力，すなわち十分な観測器搭載能力が得られる．しかし，その分だけ高温高圧環境となり気球皮膜の高い耐熱性などが要求される．また，長時間の浮遊には硫酸の雲の存在から耐硫酸性を考慮しなければならない．

〔1〕 **高高度膨張型気球（VEGA）**　1984 年 12 月に打ち上げられた VEGA-1 および VEGA-2 はそれぞれ 1985 年の 6 月 11 日と 15 日に相継いで大気圏突入を行なった．気球は，ランダー（lander）から切り離されたのち，ヘリウムガスによって膨張させられ，赤道付近（それぞれ北緯 7.1 度および南緯 6.5 度）の真夜中近傍に浮遊した．その高度 54 km での圧力 540 hPa，温

度 305 K は地球上に近い環境である。

2 機の気球は直径 3.4 m のテフロン製の球形スーパープレッシャー型気球であり，標準圧力差は 30 hPa とされている。浮遊全質量 21 kg のうち観測器とテレメトリシステムを含むゴンドラの質量は 6.5 kg である。ゴンドラは気球から 13 m 下方につりさげられ，その大きさは高さで 1.3 m ほどである[3],[4]（図 4.2）。なお，気球投入時の金星と地球との間の距離は約 0.7 AU（AU：天文単位，$1\,\mathrm{AU} = 1.5 \times 10^{11}\,\mathrm{m}$）である。

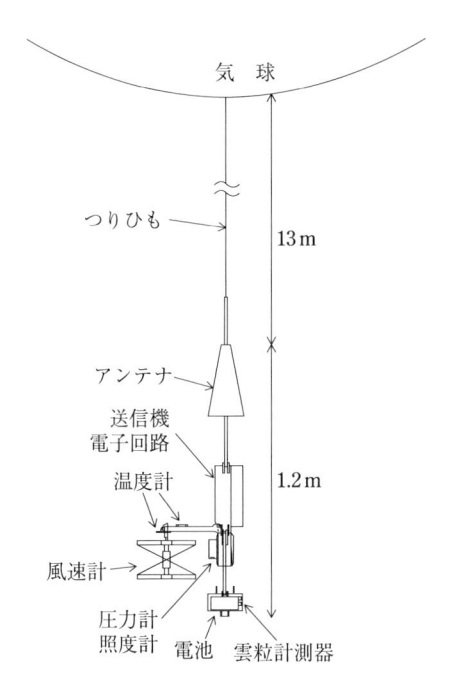

図 4.2　金星気球 VEGA

周囲の大気圧力，温度と相対鉛直風速が 75 秒周期で測定された。また，照度計，後方散乱検出計により，下方の明るさと雲の中の酸性微粒子の密度が測定された。ほかにも稲妻の有無が観測された。

送信機は最大出力 4.5 W で，データ送信モードと気球の位置決定のための相対 VLBI モードをあらかじめプログラムされたスケジュールに従って自動的に切り替えて使用した。テレメータモード時には，データの前後のキャリヤ

4.3 惑星気球の事例

のみの時間各 30 秒を含めて合計 332 秒の送信により，直前 30 分間のデータを 852 ビットのデータに圧縮して，30 分〜2 時間ごとに送信した．このときのデータレートは約 4 bit/s となる．

信号は地球とフライバイモジュールの両方で受信され，地球上の 20 箇所のアンテナを動員した相対 VLBI（very long baseline interferometry）により気球の位置と速度が求められ，平均風速 70 m/s が得られた．鉛直風の測定とあわせて赤道上部対流圏の 3 次元風速の経度時間変化の測定が初めて行われたことになる．

電源は，1 kg のリチウム電池により容量 250 Wh，飛翔時間 46.5 時間を達成し，その飛翔距離は 11 000 km（金星を 1/3 周）であった．このうち昼間領域の観測は 10 時間を占めている．これは，それまでに金星ランダーとプローブが調査した合計時間よりもはるかに長い観測時間である．

〔2〕 **中高度膨張型気球** 35 km 程度の高度（圧力 0.58 MPa，温度 450 K）では，気球皮膜として使用可能な耐熱フィルムの選択肢も多い．300℃以上の耐熱温度をもつものとしては**図 4.3** に示すように，ポリイミド（polyimide），液晶ポリマー（liquid crystal polymers）等がある[5],[6]．

雲の下であることから，可視領域や高精度の近赤外線観測も可能である．VEGA と同様にヘリウムなどの浮揚ガスを高圧容器に入れて輸送して膨らま

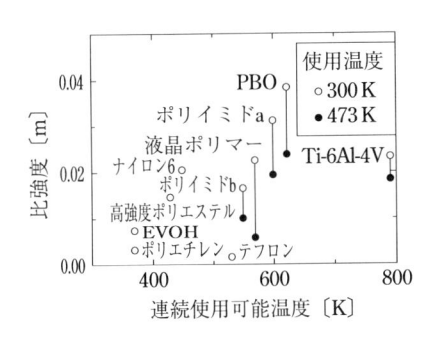

図 4.3 耐熱性皮膜の連続使用可能温度と強度の関係

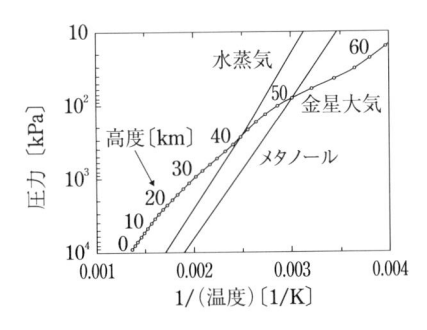

図 4.4 温度と金星高度および水とメタノールの飽和蒸気圧の関係

せる方法も考えられるが，高度 42 km 以下では水の飽和蒸気圧が大気圧より高くなる（図 4.4）ことを利用し，水を浮揚ガスとして使用可能である。

水を浮揚ガスとする利点は

（1） 輸送時は容積の非常に小さい液体

（2） 重量のかさむ高圧ガス容器が不要

（3） 水をあらかじめ気球内部に封じ込めておけばガス注入装置も不要

なことである。ただし，大気中をパラシュート降下する短時間ですべての水を気化できないと，目標高度より低く大気温度の高い領域まで降下するので，気球本体や搭載機器の耐熱限界を超える恐れがある。

例えば，高度 35 km に総浮遊質量 10 kg の気球を浮遊させるのに必要な水の量は 4.4 kg である。これを数十分以内に気化する必要がある。これまでの熱交換器を用いる方式に対し，水をあらかじめ気球内面に貼り付けた吸水性の高いフィルムに吸着させておき，降下中に周囲の高温大気を直接利用する方式が提案されている[7]。

この方式の気球の構造を図 4.5 に，投入シーケンスを口絵 9 の右側に示す。

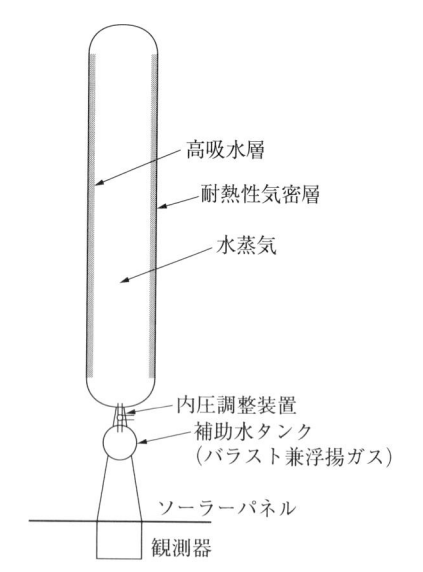

図 4.5 水蒸気を使用した膨張型気球の構造

大気からの熱流入を大きくするためアスペクト比の大きい円筒気球が表面積が大きいため適する．長い円筒状にすると大気突入カプセルへの収納効率も良いという特徴がある．口絵 9 の左側はこの気球システムの想像図である．

このような高分子フィルムを使用する場合，このフィルムのガスバリア性能が気球のライフタイムを決定することに注意する必要がある．図 4.6 に示すように，水蒸気は透過度が比較的大きいので，水蒸気バリア性能の高い材料を使用するとともに，金属による薄膜コーティングなどの対策も必要となる．図 4.5 に示すように，バラストとして水を搭載し，気球内圧が低下したときに浮揚ガスとして補給する方法をとれば，ライフタイムを飛躍的に延ばすこともできる．

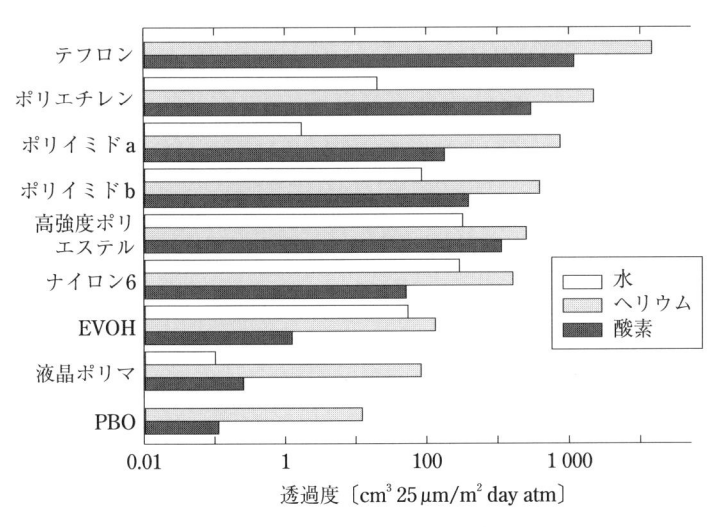

図 4.6 耐熱性皮膜のガスバリア性能の比較

〔3〕 **高度可変方式** 例えば，水を用いると図 4.4 に示したように，高度 42 km 以下では気体となり浮力が増加し 42 km 以上の高度では液化して浮力を失う．このような性質を利用すれば，適当なバルブ操作で液化と気化を制御することにより，気球上昇下降速度を制御することが可能となる．このために，液体のリザーバと配管バルブ系，そして大型で効率の良い熱交換器を搭載する必要がある．そのほかには，水とアンモニア，ヘリウムと水，アンモニア

またはヘリウムとメタノールの組合せが提案されている[8]。

このようにすると，浮揚ガスの排気やバラストの投下といった消耗剤を使用することなく，図4.7に示すように金星の上層大気と表面の間を，数時間かけて何度も往復する高度可変気球が可能となる。この上下運動によるエネルギーを用いて発電することや，上下運動の際に翼を使用して横方向の推力を発生させて，ある程度緯度方向の飛翔経路を制御しようという考えもある[9]。

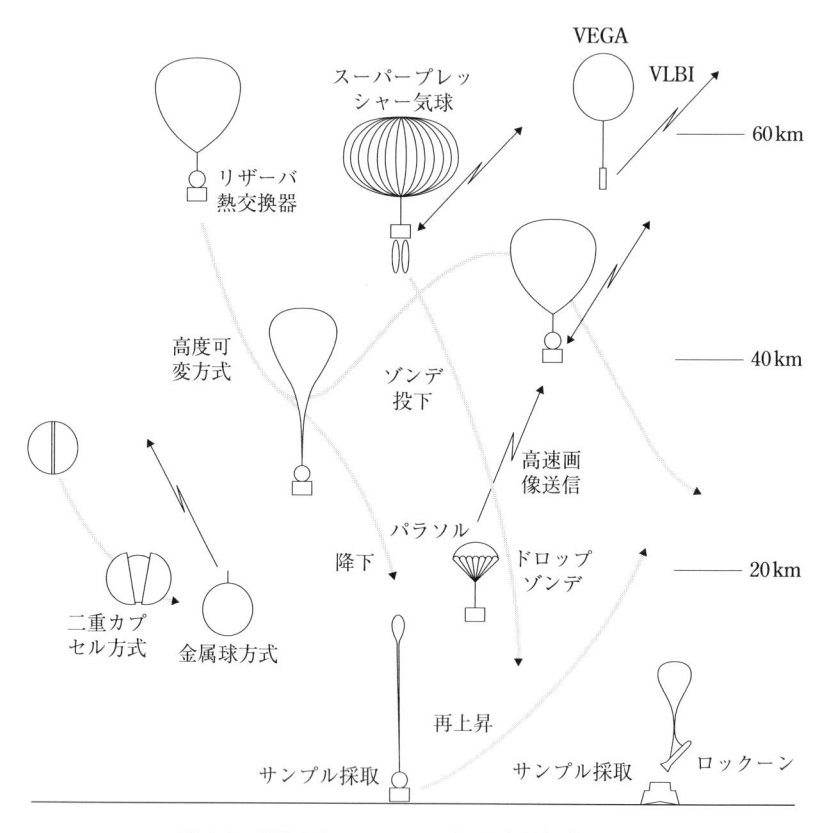

図4.7 提案されているさまざまな金星気球ミッション

また，物質の相変化を利用して，搭載機器の冷却をすることが考えられている。すなわち，低高度の熱い領域では，この物質が溶けることにより周囲の熱を吸収して搭載機器を冷却し，気球が大気の上層に戻ると，ヒートパイプによ

4.3 惑星気球の事例

りゴンドラ内部を冷やすことにより，相変化物質を再び固体に戻す。

また，この方式により，金星表面まで降下してサンプルを採集する計画も提案されている[9]。

〔4〕 **ドロップゾンデ方式**　高度 55～60 km に浮遊している気球から複数のドロップゾンデを投下する方式である[10]。気球はゾンデのプラットホームであると同時にゾンデと地球間の通信の中継を行う。降下中に高分解能で撮影すると同時にスペクトル・データを収集することなどが計画されている。ゾンデは 1 時間程度の観測しか行えないので，気球とは高速大容量通信を行い，気球と地球間では低速で時間をかけて通信を行うのが特徴である。

〔5〕 **低高度金属球方式**　金星大気は濃密であるため高度 20 km 以下の高温高圧中では，小型の気球で十分な浮力が得られる。耐熱フィルムによる膨張型気球の代わりに，最初から浮揚ガスを封入した薄い金属球気球を運搬する方式が適用可能である。高温，硫酸大気環境下でも気球の強度やガスバリア性に問題がなく長期間飛翔が可能である[11]。

最大の問題点は，気球本体の重量である。金星に浮遊するときには，気球は内外圧力がほぼつりあった状態であるので，強度はさほど必要ではない。しかし，最初から浮揚ガスを詰めることにすると，地球を出発するときには圧力容器となってしまい殻は厚くなり重くなる。衛星で運搬する容積や製造技術上の問題から直径 1～1.2 m 程度が適当であるが，比強度の優れたチタン合金を使用したとしても，十分な余剰浮力を生み出すことは困難である。このように，一重の気球では最初から球形高圧容器として運ばなくてはならないため，気球本体重量が増加する。

これを大幅に減らすため，気球本体は保護のため耐圧容器に入れて運び，浮遊高度で分離させる二重カプセル方式が提案されている。すなわち，殻を二重にして，輸送中に必要な耐圧保護容器は浮遊高度まで降下したところで開いて，捨ててしまう方式である[12]（図 4.7 参照）。

例えば，直径 1 m のチタン製の気球は厚さが 0.1 mm 程度で強度が保たれ，気球の質量は 2 kg 程度となる。高度 20 km では，浮遊質量が約 11 kg，高度

13 km に飛翔させるとすると，浮遊全質量は 17 kg である．このうち，気球本体，構造物，浮揚ガスを除いた約半分の重量の機器が搭載可能である．

このような大きな薄い球殻を製作する方法として，薄板の張り合わせで行う場合には，高温下で強度を保ち，ガスリークがない接着剤が必要となる．このほかに，チタン合金の拡散結合，電鋳，炭素繊維強化プラスチック（CFRP）による方法がある．

図 4.8 は，耐圧，気密テストをするためのモデルであり，図（a）は電鋳で製作したニッケルコバルト合金製のもの，図（b）は樹脂フィルムのライナー上に耐熱 CFRP をフィラメントワインディング法により成形したものである[13]．

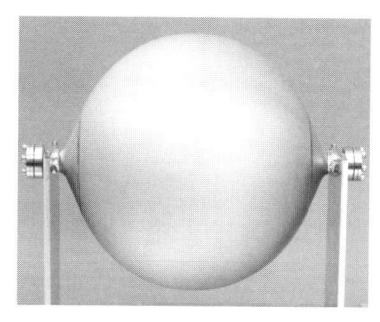

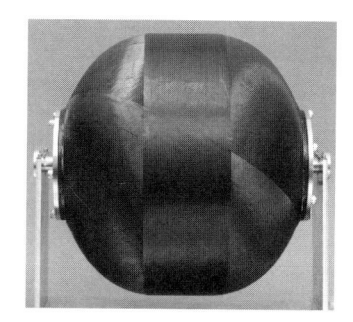

（a）ニッケルコバルト　　（b）炭素繊維強化プラスチック

図 4.8　耐圧・気密試験用低高度金星気球モデル
（厚さ 0.1 mm，直径 300 mm）

〔6〕**サンプルリターン**　着陸船やロックーンと連動したサンプルリターン計画もある[14]．金星周回衛星からランダーを着地させ，そこで採集したサンプルを搭載した気球を上げ，60 km 程度で浮遊後に，ロケットに積載されたサンプルをオービターまで持ち帰るというものである．また，〔3〕項で示したような高度可変方式を用いて，金星表面まで降下してサンプルを採集する計画も提案されている（図 4.7 参照）．

〔7〕**熱気球**　高度 60〜70 km になると，ヘリウムガスのほかに太陽熱や金星表面からの放射熱を利用した熱気球方式が提案されている[9]．

〔8〕**関連技術**　金星のような高温大気中では，エレクトロニクスの動

作温度が問題となる。220℃程度まで使用可能な深地中探査やカーエレクトロニクス用素子がすでに開発されており，8ビットコンピュータなど，集積度の高いICも利用できる[15]。これ以上の温度や高温に耐えられない素子がある場合には，冷却が必要となる。これには，物質の相変化を利用した吸熱方式と電子冷却がある。例えば〔5〕項で示した高度20 kmの金星気球の場合には，アンモニアの気化熱を利用するのが最適である。ただし，使い捨てになるのでこの量が気球のライフタイムを決定してしまう。電源としては300℃以上で動作する溶融電池が可能である。高圧環境の場合は耐圧容器による保護が必要になる場合もある。

　長期間飛翔・観測するための電源には通常，太陽電池が使用されるが，このほかにも，気球の高度変更に伴う鉛直風を利用した風力発電も考えられている[16]。

4.3.2　火星気球

　図4.1に示すように，火星大気の表面における平均気圧は約7 hPaで，地球上での高度33.5 kmに相当する。表面の平均温度は約220 Kで，昼夜の温度差は100 Kにもなる。また，火星の軌道が楕円で軸が傾いているため，場所，季節により変化が大きく，赤道上での夏の昼間と冬の極地方では160℃もの差がある。これまでのランダーなどによる計測では，通常の風は数m/s程度であるが，しばしば砂嵐が起こりそのときの風速は100 m/s以上になる。

　火星気球の場合は，地球の成層圏用気球をもってきても浮遊高度は表面付近に過ぎない。昼間のガス温度は使用する皮膜にもよるが30～60℃上昇すると考えられ，昼夜のガス温度差は150℃程度と予想される。これは，圧力差に換算すると大気圧の50％以上になり，ゼロプレッシャー気球ではガスの排気量が大きくて実用にならない。

　地球上におけるスーパープレッシャー気球より格段に厳しいこの圧力差に耐えられる軽量のスーパープレッシャー気球が要求され，皮膜はこの温度範囲で性能が劣化しないことが求められる。また，火星表面は高度25 kmに達する山もあり，このような地域では気球は困難である。

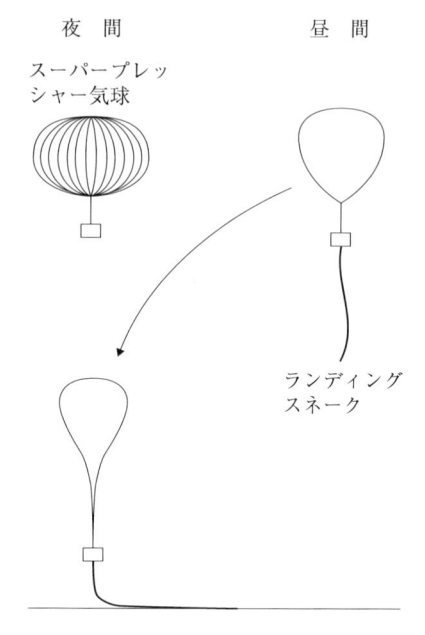

図4.9 ガイドロープ付き火星気球

〔1〕 **ガイドロープ付き火星気球**　ゼロプレッシャー型の気球で長時間浮遊可能なガイドロープ(landing snake)付き気球が提案されている[17]（図4.9）。

　ガス温度が低下し，表面近くまで降りてきたところで，気球から長く（数十m以上）垂れ下がったガイドロープ（スネークと呼ばれている）がまず着地するため浮力低下分が相殺され，気球の表面が火星の表面に接触しないようになっている。夜が明けガス温度が上がれば再上昇してガイドロープは気球からぶら下がる。したがって，昼間は数kmの高度に，夜間は表面すれすれに浮く（soft landing）気球となる。このアイディアは1800年代の前半に活躍した英国の気球飛行家チャールズ・グリーン（Charles Green）による。彼は，この方式で飛翔高度の安定化を図った有人気球により，1836年11月にロンドンからドイツまでの長距離飛翔を実現している。

〔2〕 **スーパープレッシャー型火星気球**　スーパープレッシャー気球にすると昼夜の温度差から最大圧力差が非常に大きくなる。しかし，2.2.3項で述

べた3次元ゴア設計法によるスーパープレッシャー気球を用いれば，この圧力差に十分に耐えられる軽量気球を実現できる。

例えば，高度5km（大気圧4.5hPa，大気密度0.01kg/m³）に浮遊する場合で，夜間のガス温度を180Kとし，昼夜間のガス温度差を140Kと仮定する。昼間の気球内外の圧力差は夜間の圧力差を0として約3.5hPaになる。3次元ゴア設計法により，容積1000m³の気球を質量6kg程度で実現可能である。この気球の総浮遊質量は10kgであり，ガスを除いた2kgのゴンドラをつり下げ可能となる（図4.9参照）。

〔3〕**熱気球** 昼間側では熱気球が使用可能である[18]。また，ヘリウム気球と組み合わせることも考えられている。

4.3.3 その他の気球

〔1〕**タイタン** タイタンでは，気球は降下中に膨らませることも，ランダーで降下後に膨らませて上昇させる方式もとれる。低温で十分な性能を有する皮膜（例えばテフロン）が必要となる。ヘリウムとアルゴンを用いた高度可変方式やガイドロープ付き気球が提案されている[9]。また，気球とローバーのハイブリッドであるエアローバーなども考えられている。

〔2〕**木星型の惑星** 木星の大気は水素が主成分なのでこれより軽い浮揚ガスはない。したがって，酸化剤を地球から持って行き，水素を燃やすことにより熱気球のように浮揚ガスの加熱で浮力を発生するか，気球皮膜が惑星表面からの赤外放射を吸収して上昇する方式（infrared Montgolfiere balloon）が考えられている(2.3.3〔2〕項参照)。

たとえばJPLの計画[9]では，赤外線吸収方式により，1気圧くらいの高度から膨らませ始めて，最低高度10気圧程度でドロップゾンデを落として上昇に転ずる。ドロップゾンデは最大500気圧（高度差にして約400km）まで降下して各種のデータを送信する。気球はゾンデ投下後に赤外線吸収により浮揚ガスの温度が徐々に上昇し1気圧程度の高度まで上昇しながら，ゾンデからのデータの中継を行う。

4.4 惑星気球による科学観測

地球以外の惑星において気球を用いる意義の高い科学観測として,つぎのようなものがあげられる.

(1) 地表面の撮影や分光観測　気球にカメラや分光計を搭載すれば,周回衛星からの観測に比べて高い解像度を達成できて,しかも着陸機と違って広い範囲をカバーできる.惑星の表面地形の研究において,解像度が向上するだけでいかに多くの新発見がもたらされるかは,近年の火星探査で実証されている.米国の火星周回機 Mars Global Surveyor の高解像度カメラは数 m の分解能を誇るが,高度 1 km を浮遊する気球からの撮像では 1 けた以上高い解像度を達成することはやさしい.分光データを得る場合にも,狭い範囲の特定の地形をピンポイントで捉えられれば,鉱物組成の推定が容易になるだけでなく,地理的に局在化した鉱物の検出にも有利となる.金星のように雲に覆われた惑星では,大気の外から見る場合に障害となる雲の影響を避けられるという利点もある.

(2) 気象観測　惑星の気象のしくみを知るためには,さまざまな空間的・時間的スケールの大気運動を検出する必要があるが,そのような観測は気球の得意とするところである.例えば,気球の軌跡を長期間にわたって追跡することによって,大規模な循環のパターンや波動の水平構造がわかる.実際,惑星大気に投入される気球でまず試みられるものは,気球の水平位置の時間変化から水平風速を求めることであろう.極端にいえば,観測機器をなにも積んでいない気球であっても,位置の推定さえできれば,それは風を観測する立派な科学観測気球である.また,気球に搭載する気圧計と温度計のデータから鉛直風の変動を推定することによって,微小な波動や乱流を検出することもできる.長期間浮遊する気球による気象観測は,近年,地球の気象の研究においても大きな成果をあげている.

(3) 大気成分計測　大気を直接サンプルして,大気中の化学反応に関す

る情報，あるいは同位体分析により惑星大気の起源に関する情報を得る。気球が大気とほぼ一緒に動いていると考えられる場合には，気球で測定された大気組成の変化を，空気塊に即したラグランジュ的な組成変化としてそのまま実験室の結果に対応させることができる。また，対流運動が卓越する場所を水平浮遊する場合には，時間とともに上昇流域や下降流域をサンプルすることになるので，その惑星の大気組成としてのデータの代表性が（ある程度）確保される。

（4）**残留磁気測定**　内部起源の地磁気をもつ惑星で溶岩が噴出して固化すると，その岩石は地磁気の方向に帯磁する。そのため，惑星表面に分布する残留磁気を調べると，その惑星の地磁気や地殻変動の歴史を推測する手がかりとなる。磁場の強さは帯磁した岩石から遠ざかると急激に弱くなるため，周回衛星からは検出できないような弱い残留磁気でも気球からは検出できる可能性がある。近年，Mars Global Surveyor により火星で残留磁気が発見され，注目を集めている。気球を用いてこのような地域を詳細にマッピングすることは，残留磁気の成因やそれが作られた時期を解明するうえで高い意義をもつ。

（5）**雷の観測・レーダ探査**　気球は，惑星の超高層大気に存在する電離圏という電離した大気の層より低い高度を浮遊することになる。このことは，雷放電から放射される電波の検出や，地下レーダ探査にとって有利な点である。電離圏は低周波の電磁波を遮へいあるいは変調するため，周回衛星からの電波計測やレーダ探査では，利用できる周波数帯が限られるうえに，データの解釈に困難がつきまとう。電離層より下を浮遊する気球であれば，このような原理的な困難を回避することが可能で，しかも着陸機でこの種の観測を行う場合と違って広い範囲の調査が可能である。

5 気球の将来

5.1 気球技術の将来動向

〔1〕 **搭載重量，飛翔時間，飛翔高度**　成層圏気球のペイロード搭載能力は，すでに数トンのオーダーにある．飛翔の安全を確保するためには，このペイロード重量は，極域など人がほとんど住んでいない地域での実験を除き，中緯度での気球実験ではほぼ限界である．長時間飛翔についても，中緯度域の実験は飛翔範囲が広くなり，ほぼ同様の問題がある．こうしたことから，3.4.6項で述べた夏期の北極圏，南極圏で行われる長時間周回飛翔がますます重要となる．

　宇宙を観測するミッションでは，大気の影響を除外するために飛翔高度をより高くすることは，今後とも取り組まれるべき課題となる．しかし，ペイロード重量が小さく，気球システム重量がほぼ気球重量となる場合ですら，皮膜材料が同一であれば，大気密度が $1/n$ となる高度まで上がるには気球容積は n の3乗に比例して増大する．したがって今後も，薄く軽いフィルムの開発が求められるが，60 km の高度に達するには，2 μm 程度のフィルム厚となり，物性的にもほぼ限界となる．

〔2〕 **長期間飛翔技術**　飛翔時間に原理的制約のないスーパープレッシャー気球は，この間の研究で合理的設計方式が確立したので，成層圏気球で実用化が促進されよう[1],[2]．ただし，夜間に形状を維持するための加圧レベルは，昼夜の浮揚ガスの温度変動に依存し，現状では外気圧の20％程度の圧力差に

耐える必要がある．この圧力差を縮小するには，ガス温度と大気温度との差が少ない状態を昼夜とも保つような気球皮膜の開発が重要な課題である．熱伝導性が高く，かつ外界との放射・吸収特性が全波長域にわたって小さい特性をもつ皮膜が望ましい．

〔3〕 **飛翔経路の制御** 気球の飛翔方向を自由に変えることができれば，利用価値は大きく広がる．これまでも，パワードバルーンと呼ばれる，推進器を搭載する気球方式の提案は多くあったが，実用に供されたものはない．

近年の試みとしては，高度 30 km 以上を飛翔する気球から 10 km ほど下方までロープで帆を下げ，異なった風向きの領域に置くことで気球の進路を変える力を得ようとする方式がある[3]．また，高度 20 km 付近で，飛翔高度そのものを変えることにより進路を変える試みもある[4]．いずれも基本的には，東西方向の風に乗って飛翔するが，南北方向の進路を補正しようとするものである．スーパープレッシャー気球が実用化し，数箇月の長期間飛翔が可能になれば，こうした進路変更機能の有効性は高まる．特に，夏期の南北極域で，周回風に乗って飛翔しつつ渦の中心の極点に移動できれば，多くの用途がある．

〔4〕 **情報ネットワークの活用** 成層圏気球では飛翔中は通常地上局と常時無線でリンクしている．ネットワーク機能を利用すれば，このリンク状態を基地から遠く離れた任意の地点まで広げることは容易である．そうすれば，多くの学生や研究者が，遠隔地にある研究室などのコンピュータ端末を前にして，臨場感をもって気球実験に直接参加できる．気球のもつ利点である宇宙開発・研究に携わるつぎの世代を育成する手段としての機能は一層高まることになる．

こうした機能を世界的規模に拡大するためには，気球と通信するデータの形式など気球実験の方式を国際的に統一することが望ましい．国際性をさらに拡大し，気球実験施設の共用を図ることができれば，科学気球の有用性は一層向上する．極域や赤道域などの特殊な場所での気球実験では，そうした国際協力を進める必要性が特に高い．

〔5〕 **惑 星 気 球** 新しい技術動向が最も反映される分野が惑星気球であ

る。おもな新技術の対象は，以下の三つである。

（1）**皮膜材料技術**　高温ないし腐食性ガスなどの特殊な大気に適合可能なフィルム技術。これは，近年発展の著しい高分子化学の成果に依存する[5]。

（2）**エレクトロニクス技術**　低高度を飛翔する金星気球の場合には，200℃以上の高温温域まで動作可能な半導体，受動素子などあらゆる周辺素子およびそれらの素子の実装技術が必要となる。こうした技術は近年高温エレクトロニクスと呼ばれる一分野を形成しており，宇宙利用に限らない多くの成果が発表されている[6],[7]。

（3）**通信技術**　惑星大気に浮く気球からは微弱な電波しか到来しないので，惑星探査衛星と地球との通信以上に高性能な超遠距離通信技術が必要となる。

上記の基本技術に加え，浮揚ガスの種類，気球膨張方式，浮力制御方式など一部は成層圏気球技術と共通な種々の個別技術の開発により，新しい気球方式の考案が図られるべきである。

5.2　気球利用の将来動向

〔1〕**実験・観測システムの大規模化**　スペースシャトル，宇宙ステーション時代となって，大型の装置を軌道に投入する能力は気球と同程度あるいはそれ以上に向上したものの，打ち上げ費用は巨額となる。そのため，財政上の制約もあり，大型科学ミッション数の増加は困難である。こうした事情から，気球の機能を向上させ，気球高度でも可能な大型装置による観測を積極的に開拓していこうとする試みがなされている。

NASAのプロジェクトであるULDB（Ultra Long Duration Balloon）計画がその一例である[8]。スーパープレッシャー気球を用いて1.5トンのペイロードを高度35 kmに100日間飛翔させることを象徴的な目標とするこの計画は，今後の大型科学気球の典型的進路を示している。しかし，安全性の面で飛翔地域に制約を受けることは5.1節で述べたとおりであり，限定された気球実験と

ならざるをえない。

〔2〕 **衛星時代の気球の新しい役割**　気象，大気物理および地球大気環境の観測分野では，衛星による地球全域をカバーする観測が可能になることによって気球に新たな役割が生じている。

（1） 高層気象観測の役割変化　衛星からの気象観測と，コンピュータを用いた数値解析を組み合わせることで，全地球規模の3次元あるいは4次元格子データの作成が可能となった。しかし，地表から高度60 km程度までの地球大気を数百 kmの衛星高度から，数 kmの層ごとに分解して観測しなければならないので，測定の絶対精度の向上は難かしい。

一方，ゴム気球を用いた定常気象観測データは「その場観測」であるため絶対精度が高い。そこで定常気象観測データを用いて3次元格子データを補正することにより精度の向上が図られる。

気象衛星時代以前のゴム気球による気象観測は，その測定データと地上気象データのみで全地球規模の地上気象を把握することにあった。前記のような今日の高層気象観測データの利用は，衛星時代になって生まれた新たな役割といえる。

（2） 全地球規模の高層気象観測網の構築　（1）で述べたように，高層気象観測データで数値解析データを校正するのであれば，観測点の分布の密な地域の気象情報の精度は向上するが，粗である場所や大洋上のように観測点が少ない地域の精度は低いことになる。しかし，気象現象は時間とともに移動しながら変化するものであるから，精度の悪い地域が存在することは予報精度の向上の制約となる。

そこで，複数のラジオゾンデを搭載した多数の気球をつぎつぎと大洋横断飛翔させ，飛翔中にゾンデを定時に投下して気象観測を行おうとする米国NCARを中心としたSOPLEX計画[9]や，長時間飛翔ができる200以上のスーパープレッシャー気球を全地球規模に分散飛翔させ，搭載した多数のゾンデをつぎつぎと投下させるNOAAのGAINS計画[4]が提案されている。

（3） 衛星観測の検証のための気球観測　地球の大気環境を観測する衛星

の搭載センサについても,前記気象観測と同様に気球観測による校正,検証が不可欠である。すでに,宇宙開発事業団が1996年に打ち上げたADEOS 1号に搭載された大気微量成分を測定するセンサILASでは,そうした目的の実験が行われている。

すなわち,センサを開発した環境庁と国立環境研究所は,1997年1~3月まで,衛星の上空通過に合わせてスウェーデン北端のキルナにある宇宙基地ESRANGEで,CNESの協力のもとに大型気球を20機以上打ち上げる大掛かりな大気観測気球実験を展開した[10]。こうした気球実験の利用は,衛星時代の科学気球の新たな役割であり,今後の発展が予測される分野である。

5.3 気球技術の他分野への波及

〔1〕 飛行船技術との連携　気球の形状は,ほぼ重力方向の軸周りに回転対称であるため,荷重を支える機能は優れているが,水平方向に自由に進むには空気抵抗が大きく,実用上不可能に近い。一方,水平方向に移動する機能を重視すれば飛行船型となる。進行方向の空気抵抗係数は小さくなり推進には有利であるが,荷重を支える機能が低下する。このため,本体重量が増加し,成層圏まで到達する飛行船の実用化はきわめて困難であった。

1990年代末より,皮膜材料の進歩を反映させ,かつ設計概念を見直すことにより,高度20km程度の成層圏下部に到達させようとの試みがなされている。より意欲的な計画としては,推進力により同一場所にとどまる(station keeping)気球の開発プロジェクトが航空宇宙技術研究所を中心に進められている。都市上空にとどまれば,通信中継基地などの用途がある[11]。ただし,平均風速が最も弱い高度を選んでも,停留するための推進力は小さくない。その推進力を確保するための太陽電池システムの重量に加え,夜間の電力を維持するための蓄電システムが必要になり,総重量30~50トン規模のきわめて大型の飛行船となり,実現には開発課題が多い。

風に乗って流されながら,推進力で進行方向を補正する程度であれば,成層

圏気球の設計概念，特に3.2節で述べた3次元ゴア設計法を適用することで，従来より大幅な機体の重量低下が期待できる[12]。そうした飛行船は，5.1節で述べた，全地球規模に展開する高層気象観測網には有効と考えられる。

〔2〕**宇宙構造物への応用**　宇宙空間に大規模な構造体を構築するには，柔軟構造物を折り畳んで運び，一気に膨張させる方式は有効であり，宇宙技術の研究対象としての一分野となっている。大口径パラボラアンテナの形成，月や惑星地表面への建造物の設置などの研究がある。成層圏気球，特にスーパープレッシャー気球の技術は，そうした柔軟宇宙構造物に適応可能な技術である。

〔3〕**地上構造物への応用**　地上における膜構造体として，加圧した膜面の構造維持機能を利用することは十分可能である。必ずしも気球の形状にこだわらず，野球場などの天井で使われているように，建造物に部分的に取り入れても有効である。

[茶飲み話] 研究の発表の場

　どんなに強がっても科学気球のコミュニティは小さい。世界中から研究者が集まっても，せいぜい中程度の会議室に全員が入ってしまう。以下に気球工学を掲げている研究発表の場を紹介しておこう。

1. 海外での発表の場

（1） AIAA International Balloon Technology Conference

　アメリカ航空宇宙学会が主催するが，その名のように国際学会を自負している。大きな特徴は，名称が気球工学に特化されていることである。筆者の矢島らは，1999年のコンファレンスで，スーパープレッシャー気球の基本コンセプトについての研究を発表し，最優秀論文賞を受賞している。

　投稿する対象となる本格的論文誌は Journal of Aircraft である。数人の査読者による厳しい審査をパスすると，航空機に関わる流体力学や構造力学などの論文に挟まれて，気球の論文がポツンと存在することになる。場違いとは思わず，かえって目立つのでは，と前向きに考えよう。

（2） COSPAR Scientific Assembly

　COSPAR は宇宙空間科学学術総会といい，歴史のある国際的な宇宙関係の総合的マンモス学会の一つである。その中に，Scientific Ballooning というセッションがある。気球工学以外に気球を用いた科学観測の発表者も集まる。

（3） ESA Symposium on European Rocket and Balloon Program and Related Research

　ヨーロッパ宇宙連合（ESA）主催の観測ロケットと気球の学会であるが，そのほかの地域からの参加も拒まず，実質的に国際シンポジウムである。

2. 国内での発表の場

（1） 大気球シンポジウム

　宇宙科学研究所が開催するもので，関係者を集めたシンポジウムである。その発表集録以外に，論文集として宇宙科学研究所報告大気球特集号がある。

（2） ISTS (International Symposium on Space Technology and Science)

　わが国のロケット開発の草創期の大先輩方が，活動の国際化の気概を込めて始めた宇宙工学主体の国際会議である。いまは大きな規模に発展した。その中に，Space Science and Balloon というセッションがある。

（3） 日本航空宇宙学会

　他学会と共催の宇宙科学技術連合講演会をはじめ各種研究発表の場がある。和，英それぞれの論文集にも投稿できる。なお，これもいささか自賛であるが，本書の筆者である井筒らのスーパープレッシャー気球の開発と飛翔実験に関する研究論文は2001年度の論文賞を受賞している。

付　　　録

1. 標準大気表 （JIS W 0201-1990 より）

高度〔km〕	気圧〔Pa〕	温度〔K〕	密度〔kg/m³〕
0	101 325	288.150	1.225 00
1	99 876.3	281.651	1.111 66
2	79 501.4	275.154	1.006 55
3	70 121.2	268.659	0.909 254
4	61 660.4	262.166	0.819 347
5	54 048.3	255.676	0.736 429
6	47 217.6	249.187	0.660 111
7	41 105.3	242.700	0.590 018
8	35 651.6	236.215	0.525 786
9	30 800.7	229.733	0.467 063
10	26 499.9	223.252	0.413 510
11	22 699.9	216.774	0.364 801
12	19 399.4	216.650	0.311 937
13	16 579.6	216.650	0.266 595
14	14 170.3	216.650	0.227 855
15	12 111.8	216.650	0.194 755
16	10 352.8	216.650	0.166 470
17	8 849.70	216.650	0.142 301
18	7 565.21	216.650	0.121 647
19	6 467.47	216.650	0.103 995
20	5 529.29	216.650	0.088 909 7
21	4 728.92	217.581	0.075 714 6
22	4 047.48	218.574	0.064 509 6
23	3 466.85	219.567	0.055 005 5
24	2 971.74	220.560	0.046 937 7
25	2 549.21	221.552	0.040 083 7
26	2 188.37	222.544	0.034 256 5
27	1 879.97	223.536	0.029 298 2
28	1 616.19	224.527	0.025 076 2
29	1 390.42	225.518	0.021 478 3
30	1 197.03	226.509	0.018 410 1
31	1 031.26	227.500	0.015 791 5

(つづき)

高度〔km〕	気圧〔Pa〕	温度〔K〕	密度〔kg/m³〕
32	889.060	228.490	0.013 555 1
33	767.306	230.973	0.011 573 0
34	663.410	233.744	0.009 887 36
35	574.592	236.513	0.008 463 34
36	498.520	239.282	0.007 257 89
37	433.246	242.050	0.006 235 44
38	377.137	244.818	0.005 366 53
39	328.820	247.584	0.004 626 72
40	287.143	250.350	0.003 995 66
41	251.132	253.114	0.003 456 39
42	219.966	255.878	0.002 994 75
43	192.950	258.641	0.002 598 88
44	169.496	261.403	0.002 258 84
45	149.101	264.164	0.001 966 27
46	131.340	266.925	0.001 714 14
47	115.851	269.684	0.001 496 51
48	102.295	270.650	0.001 316 69
49	90.336 3	270.650	0.001 162 77
50	79.778 7	270.650	0.001 025 87
51	70.457 6	270.650	0.000 906 897
52	62.214 4	269.031	0.000 805 613
53	54.873 4	266.277	0.000 717 904
54	48.337 4	263.524	0.000 639 001
55	42.524 9	260.771	0.000 568 096
56	37.362 1	258.019	0.000 504 448
57	32.781 8	255.268	0.000 447 377
58	28.723 6	252.518	0.000 396 263
59	25.132 3	249.769	0.000 350 535
60	21.958 6	247.021	0.000 309 676

付録　　195

2. 無人自由気球の分類 (提供：航空振興財団：国際民間航空条約　第2付属書より)

特　　性		有償荷重重量〔kg〕 1　2　3　4　5　6
綱またはその他のつり下げ装置 230ニュートン以上		大　型 (4〜6)
個々の積載物の面積密度	13 g/cm²超	
	13 g/cm²未満	
合　計　重　量 (つり下げまたは面積密度もしくは個々の積載物重量が決定要因とならない場合)		軽量　　中型

3. 気球のおもな仕様

気球容積*1 〔m³〕	フィルム厚さ*2 〔μm〕	気球質量*3 〔kg〕	ペイロード質量の代表値*3 〔kg〕	気球直径*3 〔m〕	気球全長*3 〔m〕	ゴアの枚数*3	到達高度*4 〔km〕
1 000	3.4	3	3	13.4	19.4	28	36.8
5 000	3.4	7	3	22.9	33.1	28	44.4
5 000	6	11	3	22.7	33.3	28	42.0
5 000	20	40	100	22.6	33.5	28	27.0
15 000	20	75	100	33.4	42.3	41	32.5
30 000	3.4	23	3	43.5	58.8	52	50.3
30 000	6	37	3	42.7	59.1	52	47.1
30 000	20	120	200	41.4	60.3	50	33.1
50 000	20	170	500	48.7	72.3	59	35.4
60 000	3.4	34	3	53.7	74.5	116	53.0
80 000	10	130	100	58.5	82.6	72	42.0
80 000	20	220	500	56.8	84.9	72	34.2
100 000	20	270	500	63.4	88.3	78	35.2
200 000	20	420	500	77.4	112.1	96	38.7
500 000	20	850	500	107.8	152.2	133	42.4
1 000 000	20	1 700	1 000	136.5	191.5	170	42.4

* 1　表中のペイロード質量を搭載したときの満膨張容積を示す。
* 2　気球容積，ペイロード質量ともに大きいときは，頭部の強度を増すためフィルムを2重，3重にするキャップ付き気球とする (3.5.4〔1〕項参照)。キャップによる質量増加は記載数値の12〜25%程度である。
* 3　同じ容積の気球でも，ペイロード質量によって図2.9に示すように形状が異なり，設計値も変わる。
* 4　表中のペイロード質量を搭載したときの浮遊高度を示す。ペイロード質量を変化させたときの到達高度は図2.2に示されている。

略　語　集

ADEOS	Advanced Earth Observing Satellite	地球観測プラットフォーム技術衛星
ATCRBC	air traffic control radar beacon system	航空交通管制用自動応答装置
BADC	British Atmospheric Data Centre	英国大気データーセンター
CMG	control moment gyro	コントロールモーメントジャイロ
CNES	Centre National d'Études Spatiales	（フランス）国立航空宇宙センター
DBC	discrete beacon code	航空機識別符号
ECMWF	European Centre for Medium-Range Weather Forecasts	欧州中期天気予報センター
ESRANGE	European Sounding Rocket Range	欧州観測ロケット打ち上げ基地
EVOH	ethylene vinyl alcohol copolymer	エチレン・ビニルアルコール共重合樹脂
GPS	Global Positioning System	全地球測位システム
GTS	Global Telecommunication System	全球気象通信システム
ICAO	International Civil Aviation Organization	国際民間航空機関
IGY	international geophysical year	国際地球観測年
ILAS	Improved Limb Atmospheric Spectrometer	改良型大気周縁赤外分光計
INPE	Instituto Nacional de Pesquisas Espaciais	（ブラジル）国立宇宙研究所
JPL	Jet Propulsion Laboratory	ジェット推進研究所
NASA	National Aeronautics and Space Administration	（米国）国家航空宇宙局

略　　　語　　　集

NCAR	National Center for Atmospheric Research	（米国）国立大気研究センター
NCEP	National Centers for Environmental Prediction	（米国）環境予測センター
NOAA	National Oceanic and Atmospheric Administration	（米国）海洋大気庁
NSBF	National Scientific Balloon Facility	（米国）国立科学気球施設
NSF	National Science Foundation	（米国）国立科学財団
SSC	Swedish Space Corporation	スウェーデン宇宙公社
SSR	secondary surveillance radar	二次監視レーダー
TDRS	Tracking and Data Relay Satellite	追跡・データ中継衛星
TIFR	TATA Institute of Fundamental Research	（インド）タタ基礎科学研究所
UARS	Upper Atmosphere Research Satellite	上層大気観測科学衛星
UKMO	United Kingdom Meteorological Office (The Met Office)	英国気象局
ULDB	ultra-long duration balloon	超長時間飛翔気球
VLBI	very long baseline interferometry	超長基線電波干渉
WFF	Wallops Flight Facility	（NASA）ワロップス飛行施設
WMO	World Meteorological Organization	世界気象機関

引用・参考文献

〔1章〕

(1) レナードコットレル著，西山浅次郎訳："気球の歴史"，大陸書房 (1977).
(2) D.D. Jackson："The Aeronauts", Time-Life Books (1980).
(3) E.J. Kirscher："Aerospace Balloons -from Montgolfiere to Space-", Aero Pub (1985).
(4) 市吉三郎監修："熱気球"，成美堂出版 (1992).
(5) J.M. Bacon："The Balloon as an Instrument of Scientific Research", J. of the Society of Arts, Vol. 47, No. 2413, pp. 277-284, George Bell & Sons (1899).
(6) ピカール著，岩崎友吉訳："成層圏へ"，白水社 (1942).
(7) 河田幸三："気球皮膜材料研究の進歩"，東京大学航空宇宙研究所報告，第 11 巻，第 2 号(B), pp. 425-433 (1975).
(8) M. Schwarzchild："Astronomical Photography from the Stratosphere", Smithonian Institution (1964).
(9) Craig Ryan："The Pre-Astronauts, Manned Ballooning on the Threshold of Space", Naval Institute Press (2003).
(10) 藤本陽一，ほか："プラスチック気球について 1"，東京大学原子核研究所，INS-TCB-2 (1962).
(11) 石井千尋："気球による観測"，自然，第 16 巻，第 6 号～第 12 号，中央公論社 (1961).
(12) 西村 純："最近のバルーンについて"，日本航空宇宙学会誌，第 25 巻，第 281 号，pp. 268-275 (1977).
(13) J. Strong："Water in the Atmospheres of Planets", Proc. AFCRL Scientific Balloon Symposium, pp. 337-340 (1964).
(14) M.H. Davis and S.M. Greenfield："The Mars Balloon-Feasibility and Design", Proc. AFCRL Scientific Balloon Symposium, pp. 341-352 (1964).
(15) S.M. Greenfield and M.H. Davis："Balloons for the Scientific Exploration of

Mars", Proc. AFCRL Scientific Balloon Symposium, pp. 353-364 (1964).
(16) R.E. Frank and J.F. Baxter : "Final Report, Buoyant Venus Station Feasibility Study", NASA CR-66404-66409 (1967).
(17) R. Akiba, M. Hinada and T. Nakajima : "Simulation Study of Venus Balloon System", 43rd Congress of the Int. Astronautical Federation, IAF-92-0559 (1992).
(18) J, Nishimura, M. Hinada, N. Yajima and M. Fujii : "Venus Balloon at Low Altitudes", AIAA Int. Balloon Tech. Conf. 1990, pp. 12-19 (1990).

〔2章〕

(1) 三田博雄訳，田村松平編："世界の名著9 ギリシアの科学"，中央公論社 (1995).
(2) 山上隆正，太田茂雄，並木道義，松坂幸彦，西村　純："高高度観測用気球"，宇宙科学研究所報告，特集第33号，pp. 3-17 (1996).
(3) 斎藤芳隆，山上隆正，松坂幸彦，並木道義，鳥海道彦，横田力男，廣澤春任，松島清穂："超薄膜型高高度気球による世界最高高度の達成"，宇宙科学研究所報告，特集第45号，pp. 1-10 (2003).
(4) プラントル，ティーチェンス著，松川昌蔵，糸川英夫，宮崎　洋訳："流体力学　上巻"，コロナ社 (1938).
(5) R.H. Upson : "Stress in a Partially Inflated Free Balloon-with Notes on Optimum Design and Performance for Stratosphere Exploration", J. of Astronautical Science, Vol. 6, No. 2, pp. 153-156 (1939).
(6) J.H. Smalley : "Determination of the Shape of a Free Balloon", AFCRL-65-92 (1965).
(7) N. Yajima : "Survey of Balloon Design Problems and Prospects for Large Super-Pressure Balloons in the Next Century", Adv. Space Res., Vol. 30, No. 5, pp. 1183-1192 (2002).
(8) J.H. Smalley : "Development of the e-Balloon", Proc. 6th AFCRL Scientific Balloon Symposium, pp. 167-176 (1970).
(9) N. Yajima : "A New Design and Fabrication Approach for Pressurized Balloon", Adv. Space Res., Vol. 26, No. 9, pp. 1357-1360 (2000).
(10) N. Yajima, N. Izutsu, H. Honda, H. Kurokawa, K. Matsushima : "Three Dimensional Gore Design Concept for High-Pressure Balloons", J. of Aircraft, Vol. 38, No. 4, pp. 738-744 (2001).

(11) N. Yajima and N. Izutsu : "Super-Pressure Balloon and Method of Manufacturing the Same", US Patent No. 6290172 (2001).
(12) 井筒直樹，矢島信之，太田茂雄，本田秀之，黒河治久，松嶋清穂："高い耐圧性を有する気球の設計原理と飛翔テスト"，日本航空宇宙学会論文集，Vol. 49, No. 564, pp. 9-15 (2001).
(13) J.H. Smith, Jr. : "Development of Sky Anchor Balloon System", Proc. 10th AFCRL Scientific Balloon Symposium, pp. 81-101 (1978).
(14) J.P. Pommereau, F. Dalaudier, J. Barat, J.L. Bertaux, F. Goutail and A. Hauchecorne : "First Results of a Stratospheric Experiment Using a Montgolfiere Infra-Rouge (MIR)", Adv. Space Res., Vol. 5, No. 1, pp. 27-30 (1985).
(15) W.J. Anderson, G.N. Shah and J. Park : "Added Mass of High-Altitude Balloons", J. of Aircraft, Vol. 32, No. 2 pp. 285-289 (1995).
(16) L.A. Carlson and W.J. Horn : "New Thermal and Trajectory Model for High-Altitude Balloons", J. of Aircraft, Vol. 20, No. 6 pp. 500-507 (1983).

〔3章〕

（1） 小倉義光："一般気象学"，東京大学出版会.
（2） 松野太郎，島崎達夫："大気科学講座3 成層圏と中間圏の大気"，東京大学出版会.
（3） 矢島信之，小鍛治繁，橋野 賢："宇宙観測における精密追尾制御"，計測と制御，Vol. 18, No. 11, pp. 939-945 (1979).
（4） 松坂幸彦，山上隆正，西村 純："大気球搭載用電動昇降機"，宇宙科学研究所報告，特集第11号，pp. 267-275 (1984).
（5） 橋本幸雄，井出俊行，鈴木龍太郎，浜本直和，太田茂雄，本田秀之，山上隆正，矢島信之："ETS-Vを用いた大気球データ通信実験"，宇宙科学研究所報告，特集第33号，pp. 47-56 (1996).
（6） 井筒直樹，矢島信之："新しい気球放球法のシミュレーション"，宇宙科学研究所報告，特集第33号，pp. 31-46 (1996).
（7） 秋山弘光，西村 純，岡部選司，並木道義，松坂幸彦，高成定好："立て上げ放球法"，宇宙科学研究所報告，特集第4号，pp. 3-16 (1982).
（8） 髙野 忠，佐藤 亨，柏本昌美，村田正秋："宇宙工学シリーズ1 宇宙における電波計測と電波航法"，コロナ社 (2000).
（9） 本田秀之，矢島信之，井筒直樹："電波の大気屈折を考慮した測距による気

球飛翔高度の補正", 宇宙科学研究所報告, 特集 44 号, pp. 27-38 (2002).
(10) L. Andersson : "A New Improved Balloon System at Esrange", Proc. 13th ESA Symp. on European Rocket and Balloon Program and Related Research, SP-397, pp. 439-442 (1997).
(11) I. Sadourny : "The French Balloon Program", Proc. 13th ESA Symp. on European Rocket and Balloon Programmes and Related Research, ESA-397, pp. 11-16 (1997).
(12) J. Nishimura, N. Yajima, H. Akiyama, M. Fujii, R. Fujii and S. Kokubun : "Polar Patrol Balloon", J. Aircraft, Vol. 31, No. 6, pp. 1264-1267 (1994).
(13) A.V. Apanasenko, V.A. Berezovskaya, 藤井正美, 福田 哲, 晴山 慎, 橋本玄徳, 市村雅一, 上岡英史, 小林 正, V. Kopenkin, 倉又秀一, V.I. Lapshin, A.K. Managadze, 松谷秀哉, N.P. Misnikov, 三栖孝行, R.A. Mukhamedshin, 中村 晃, 南條宏肇, ほか: "日露共同気球実験による高エネルギー 1 次宇宙線の観測", 宇宙科学研究所報告, 特集 37 号, pp. 113-148 (1998).
(14) 国際民間航空機関(ICAO): "国際民間航空条約 第 2 付属書", pp. 1264-1267, 航空振興財団 (1994).
(15) 木内利助, 牧 俊夫: "赤外線吸収スペクトルによる包装資材(プラスチックフィルム)の簡易鑑別", 調査及び研究報告 1, pp. 75-92, 農林規格検査所 (1973).
(16) M.S. Smith : "Operational Evaluation of Recently Developed Balloon Fabrication Methods", AIAA Paper 91-3670-CP (1991).
(17) "ゴム技術の基礎", 日本ゴム協会 (1983).
(18) 奥山通夫, ほか編: "ゴムの事典", 朝倉書店 (2000).
(19) "高層気象観測指針", 気象庁 (1995).
(20) 澁江 昇, 鎌田浩嗣, 阿部豊雄: "高層気象観測用気球に関する諸特性の調査", 高層気象台彙報, 61, pp. 59-68 (2001).
(21) 奥田治之: "〔CII〕158 μm 線による銀河構造の研究", 平成 5 年度科学研究補助金(一般研究 A)研究成果報告書 (1994).
(22) A. Yamamoto, et. al. : "Balloon-borne Experiment with a Superconducting Solenoid Magnet Spectrometer", Adv. Space Res., Vol. 14, No. 2, pp. 75-87 (1994).
(23) 本田秀之: "成層圏大気中の多種の微量成分観測を目的とした気球搭載用大気採取装置の研究", 宇宙科学研究所報告, 第 115 号 (2001).

(24) D.H. DeVorkin："Race to the stratosphere：Manned Scientific Ballooning in America", Springer-Verlag (1989).
(25) Y. Miyazawa, M. Yanagihara, W. Sarae and T. Akimoto："HOPE-X High Speed Flight Demonstrator Research Program", Proc. of the 22th International Symposium on Space Technology and Science, pp. 1367-1373 (2000).
(26) 並木道義，ほか："大型実験体による無重力実験"，宇宙科学研究所報告，特集第11号，pp. 21-33 (1984)．
(27) 生産研究：観測ロケット特集号，ロクーン第2号，Vol. 14, No. 2, 東京大学生産技術研究所 (1962).
(28) "有翼飛翔体大気圏突入実験報告書"，宇宙科学研究所 (1992).
(29) 阿保敏広："高層気象観測業務の解説"，気象業務支援センター (2001).

〔4章〕

(1) 松井孝典，ほか："岩波講座地球惑星科学12　比較惑星学"，岩波書店.
(2) 松田佳久："惑星気象学"，東京大学出版会．
(3) R.Z. Sagdev, et al.："The VEGA Venus Balloon Experiment", Science, Vol. 231, No. 4744, pp. 1407-1408 (1986).
(4) R. S. Kremnev："VEGA Balloon System and Instrumentation", Science, Vol. 231, No. 4744, pp. 1408-1411 (1986).
(5) R. W. Lusignea："Liquid Crystal Polymers：New Barrier Materials for Packaging", Proc. Future-PAK '96 (1996).
(6) L.S. Rubin："Liquid Crystalline Polymers Expand the Capabilities of Interplanetary Aerobots", Proc. AIAA Int. Balloon Tech. Conf., AIAA-99-3858 (1999).
(7) 井筒直樹，矢島信之："膨張型低高度金星気球"，宇宙科学研究所報告，特集第44号，pp. 51-61 (2002).
(8) J.A. Jones："Reversible Fluid Baloon Altitude Control Concepts", AIAA Paper, 95-1621-CP (1995).
(9) K.T. Nock, et al.："Planetary Aerobots：A Program for Robotic Balloon Exploration", AIAA Paper；96-0355 (1996).
(10) J.A. Cutts, et al.："Venus Aerobot Multisonde Mission", AIAA Paper, 99-3857 (1999).
(11) 西村 純："金星探査低高度気球について"，宇宙科学研究所報告，特集第27号，pp. 21-45 (1990).

(12) N. Izutsu, N. Yajima, H. Hatta and M. Kawahara："Venus Balloons at Low Altitudes by Double Capsule System", Adv. Space Res., Vol. 26, No. 9, pp. 1373-1376 (2000).
(13) 赤澤公彦，高橋恵介，本田秀之，後藤　健，井筒直樹，冨田信之，矢島信之："電鋳による低高度金星気球の試作"，平成13年度大気球シンポジウム，pp. 115-118 (2001).
(14) J.A. Cutts, et al.："Venus Surface Sample Return：Role of Balloon Technology", AIAA Paper；99-3855 (1999).
(15) "High Temperature Electronics Data Sheets", Honeywell International Inc.
(16) A. Bachelder, et al.："Venus Geoscience Aerobot Study(VEGAS)", AIAA Paper, 99-3856 (1999).
(17) J. Balamont："Balloons for the Exploration of Mars", Adv Space Res., Vol. 13, No. 2, pp. 137-144 (1992).
(18) J. Jones and J. Wu："Solar Montgolfiere Balloons for Mars", AIAA Paper; 99-3852 (1999).

〔5章〕

(1) I.S.スミス，J.A.カッツ，(井筒，矢島訳)，"火星の空を旅する"，日経サイエンス Vol. 30, No. 3, 特集・気球新時代，pp. 22-29 (2000).
(2) 矢島信之，"超長時間の滞空を目指す"，日経サイエンス Vol. 30, No. 3, 特集・気球新時代，pp. 30-37 (2000).
(3) K.M. Aaron, M.K. Heun and K.T. Nock："A Method for Balloon Trajectory Control", Adv. Space Res., Vol. 30, No. 5, pp. 1227-1232 (2002).
(4) C.M.I.R. Girz, A.E. MacDonald, F. Caracena, R.L. Anderson, T. Lachenmeier, B.D. Jamison, R.S. Collander and E.C. Weatherhead："GAINS-A Global Observing System", Adv. Space Res., Vol. 30, No. 5, pp. 1343-1348 (2002).
(5) 今井淑夫，横田力男編，日本ポリイミド研究会著："ポリイミド～基礎と応用"，NTS出版 (2002).
(6) F.P. McCluskey, R. Grzybowski and T. Podlesak(Ed.)："High Temperature Electronics", CRC Press (1997).
(7) M. Tajima："Perspective on High Temperature Electronics in Japan", Proc. The Third European Conference on High Temperature Electronics, IEEE Cat. No. 99EX372, pp. 173-180 (1999).

(8) V.W. Jones : "Current Status of the Long Duration Balloon Program", Adv. Space Res., No. 114, pp. 191-200 (1994).

(9) H.L. Cole, T.F. Hock, M. Shapiro and R. Langland : "Development of an Advanced Balloon Platform and Dropsonde for Use in The Hemispheric Observing System Research and Predicability Experiment (THORPREX)", NCAR (2001).

(10) H. Kanzawa, C. Camy-Peyret, H. Nakajima, Y. Sasano : A Plan for ILAS-II Correlative Measurements with Emphasis on a Validation Balloon Campaign at Kiruna-ESRANGE, Proc. of the 15th ESA Symp. on European Rocket and Balloon Programmes and Related Res., ESA SP-471, pp. 305-308 (2001).

(11) 藪健一郎，(江口邦久監修)，"成層圏に浮かぶ情報基地"，日経サイエンス Vol. 30, No. 3, 特集・気球新時代, pp. 38-40 (2000).

(12) N. Yajima, N.Izutsu and H.Honda : "Structure Variations of Pumpkin Balloon", COSPAR Scientific Assembly, PSB1-0033-02 (2002).

索　　　　引

【あ】
圧力高度　　　　　　　62
アルベド　　　　　　66,121

【い】
一次宇宙線　　　　　　154

【う】
ウィンドプロファイラ
　　　　　　　　　106,110
宇宙線　　　　　　4,5,154
雲頂温度　　　　　　　120

【え】
液晶ポリマー　　　　　175
エマルジョンチェンバー
　　　　　　　　　　　　5
遠赤外線望遠鏡　　　　153
円筒気球　　　　19,20,177

【お】
オゾン　　　　　　　　77
オゾン層　　　　　　　156
オゾンゾンデ　　　150,160
温室効果　　　　　75,167

【か】
開傘衝撃　　　　　　　95
ガイドロープ　　　　　182
科学気球　　　　　　　　9
可視光吸収係数　　　　134
過剰排気　　　　　　　44
ガス注入ダクト　　　　116

火星　　　　　　　　　169
火星気球　　　　　　　181
カラー　　　　　　　　114

【き】
気圧傾度力　　　　　　81
気球破壊機構　　　　　90
気球破壊検出装置　　　93
気囊　　　　　　　9,138
基本搭載機器　　　96,124
逆転層　　　　112,119,120
客観解析　　　　　　　110
キャベンディッシュ　　　2
球形気球　　　　　　19,20
金星　　　　　　　　　167
金星気球　　　　　　8,173
金属球気球　　　　　　179

【く】
クライオサンプリング
　　装置　　　　　　　157
グレイシャー　　　　　　3

【け】
傾圧不安定波　　　　　85
ゲイ・リュサク　　　　　3

【こ】
ゴア　　　　　　　　　　9
高温エレクトロニクス　188
高強度ポリエステル
　　フィルム　　　　　134
航空機識別符号　　　　97
航空交通管制用自動

応答装置　　　　　　　97
航跡図　　　　　122,126
高層気象観測　　147,160
高層気象データ　　　108
高張力ポリエステル繊維
　　　　　　　　　　136
高度可変気球　　　　178
国際民間航空条約　　131
コマンド受信機　　　96
コリオリ力　　　　　81
ゴンドラ　　　　　10,91

【さ】
サイクリング気球　　129
最高高度　　　　　　10
3次元ゴア設計法　　　22

【し】
ジェット気流　　　　83
紫外線　　　　　　　77
子午面循環　　　　　81
自然型気球　　4,18,21,26
実効横力係数　　　　54
実効抗力係数　　　　54
シャルル　　　　　　　2
周回気球　　　　　　128
自由浮力　　10,46,58,118
自由浮力率　　　59,118
重力波　　　　　　　87
準2年振動　　　　　84
衝撃吸収材　　　　　95
昭和基地　　　　　8,128
シリンダストレート方式
　　　　　　　　　　　32

【す】

水平浮遊	10
スケールハイト	50, 79
スタティック放球法	114
スーパープレッシャー気球	10, 46, 138, 181
スーパー・ローテーション	169

【せ】

静水圧平衡	78
脆性温度	133
成層圏	4, 9, 76, 83, 85
成層圏界面	77
成層圏気球	9, 87
静定問題	28, 40
接着線	140
ゼロプレッシャー気球	5, 10, 42, 137, 181

【そ】

測位システム	97
測雲気球観測	147
測風気球観測	147
測風経緯儀	147
その場観測	13, 156, 189

【た】

大気球	9
タイタン	169
ダイナミック放球法	112
耐熱カプセル	172
大洋横断飛翔	105
対流圏	76, 83, 84
対流圏界面	76, 80
対流熱伝達	52
ダブルキャップ	142
タンデム気球	49
断熱圧縮	52
断熱膨張	44, 52, 116

【ち】

地衡風	82, 84, 169
長時間飛翔	127
超伝導磁石	155

【つ】

つり下げシステム	91

【て】

底部フィッティング	141
低密度ポリエチレンフィルム	4, 134
テトラ気球	20
テーパタンジェント方式	32
テレメータ	96
電波追尾方式	122

【と】

等温密度高度	63
同化データ	110
頭部フィッティング	141
突然昇温	87

【に】

二次宇宙線	155
二次監視レーダ	98
2軸ジンバル	99
二重カプセル方式	179
二重気囊気球	50
日没補償	44, 121

【ね】

熱気球	172, 183

【は】

排気孔	5, 10, 42
排気ダクト	43
排気弁	10, 87, 121
配合ラテックス	148

【は】

パイボール観測	147
ハッブル宇宙望遠鏡	6
パラシュート	10
パラシュート降下	126
バラスト	10
バラスト投下装置	89
バルジ	33
パワーバルーン	187
パンプキン気球	30, 47

【ひ】

ピカール	4
引裂強度	133
比強度	37, 136
飛翔安全管理	124
飛翔終了装置	93

【ふ】

複合気球	49
ブーメラン気球	129
浮揚ガス	10, 15, 55, 117
浮力ガス	10
浮力の原理	14

【へ】

平均赤外光吸収係数	134
ペイロード	10, 55, 91
ヘス	4
偏西風	83

【ほ】

放射熱伝達	52
ポリイミド	175
ポリビニルアルコールフィルム	134

【み】

密度高度	63

【む】

無次元化皮膜重量	27, 137

索引   207

【む】
無重量実験   157
無人自由気球   9,131

【も】
木星型惑星   170
モンゴルフィエ兄弟   1

【ゆ】
有効浮力   15

【ら】
ラジオゾンデ   147,160

【り】
リアクションホイール   99

【れ】
レイノルズ数   54
レーウィン   149
レーウィンゾンデ   149,160

【ろ】
ロックーン   6,158
ロードテープ   5,9,22,33,136

【わ】
惑星エアロボット   172
惑星気球   8,171,187
惑星波   85,87
ワロップス飛行施設   7

【A】
ARGOS 送信機   123
ATCRBS   97
ATC トランスポンダ   98

【E】
Euler's elastica   31

【G】
GAINS 計画   189

GPS   122

【I】
ILAS   190

【M】
MIR 気球   51

【S】
Smalley   21
SOPLEX 計画   189

Stable Table 法   140
Stratoscope I   5
Stratoscope II   6

【U】
ULDB   188
Upson   18,20

【V】
VEGA   9,172,173

―― 著者略歴 ――

矢島　信之（やじま　のぶゆき）
- 1963年　電気通信大学電気通信学部卒業
- 1963年　工業技術院機械技術研究所勤務
- 1985年　工学博士（東京大学）
- 1987年　文部省宇宙科学研究所助教授
  （気球工学部門）
- 1989年　文部省宇宙科学研究所教授
  （気球工学部門）
- 2003年　文部科学省宇宙科学研究所名誉教授

今村　剛（いまむら　たけし）
- 1993年　東京大学理学部地球物理学科卒業
- 1998年　東京大学大学院理学系研究科博士課程
  修了（地球惑星物理学専攻）
- 1998年　博士（理学）（東京大学）
- 2002年　文部科学省宇宙科学研究所助教授
  （超高層大気部門）
- 2003年　総合研究大学院大学助教授（併任）
  現在に至る

井筒　直樹（いづつ　なおき）
- 1981年　名古屋大学工学部航空学科卒業
- 1986年　東京大学大学院工学系研究科博士課程
  修了（航空学専攻）
- 1986年　工学博士（東京大学）
- 1986年　文部省宇宙科学研究所勤務
  （宇宙環境工学部門）
- 1995年　文部省宇宙科学研究所勤務
  （気球工学部門）
  現在に至る

阿部　豊雄（あべ　とよお）
- 1967年　山形県立新庄北高等学校卒業
- 1967年　気象庁勤務
- ～91年　気象観測船啓風丸，南極地域観測隊員
  （第18次越冬隊，第32次越冬隊），気象
  ロケット観測所，観測部高層課等に勤務
- 1992年　気象庁高層気象台勤務
- 2000年　気象庁観測部観測課高層気象観測室勤務
  現在に至る

気 球 工 学
― 成層圏および惑星大気に浮かぶ科学気球の技術 ―
Balloon Engineering
―Technology for Scientific Balloons Floating in
  the Stratosphere or the Atmosphere of Other Planets―

© Yajima, Izutsu, Imamura, Abe 2004

2004年3月10日　初版第1刷発行

検印省略	著　者	矢　島　信　之
		井　筒　直　樹
		今　村　　　剛
		阿　部　豊　雄
	発 行 者	株式会社　コロナ社
		代 表 者　牛来辰巳
	印 刷 所	壮光舎印刷株式会社

112-0011　東京都文京区千石 4-46-10

発行所　株式会社　コ ロ ナ 社
CORONA PUBLISHING CO., LTD.
Tokyo　Japan
振替 00140-8-14844・電話(03)3941-3131(代)
ホームページ http://www.coronasha.co.jp

ISBN 4-339-01226-2　　（横尾）　（製本：染野製本所）
Printed in Japan

無断複写・転載を禁ずる
落丁・乱丁本はお取替えいたします

産業制御シリーズ

(各巻A5判)

- ■企画・編集委員長　木村英紀
- ■企画・編集幹事　新　誠一
- ■企画・編集委員　江木紀彦・黒崎泰充・高橋亮一・美多　勉

			頁	定価
1.	制御系設計理論とCADツール	木村・美多 新・葛谷 共著	172	2415円
2.	ロボットの制御	小島利夫著	168	2415円
3.	紙パルプ産業における制御	神長・森 大倉・川村 佐々木・山下 共著	256	3465円
4.	航空・宇宙における制御	畑　剛 泉　達司 川口淳一郎 共著	208	2835円
5.	情報システムにおける制御	大平　力 前井　洋 涌井伸二 武編著	246	3360円
6.	住宅機器・生活環境の制御	鷲田翔一 野中　博 編著	248	3465円
7.	農業におけるシステム制御	橋本・村瀬 大下・森本 鳥居 共著	200	2730円
8.	鉄鋼業における制御	高橋亮一著	192	2730円
9.	化学産業における制御	伊藤利昭編著	224	2940円

以下続刊

自動車の制御	大畠・山下共著	エネルギー産業における制御	松村・平山・中原編著
船舶・鉄道車両の制御	寺田・高岡 井床・西 渡邊・黒崎 共著	構造物の振動制御	背戸一登著
環境・水処理産業における制御	黒崎・宮本 栗山・前田 共著		

定価は本体価格+税5%です。
定価は変更されることがありますのでご了承下さい。

◆図書目録進呈◆

システム制御工学シリーズ

(各巻A5判)

■編集委員長　池田雅夫
■編集委員　足立修一・梶原宏之・杉江俊治・藤田政之

配本順			頁	定価
1. (2回)	システム制御へのアプローチ	大須賀 公 / 足立 修二 共著	190	2520円
2. (1回)	信号とダイナミカルシステム	足立 修一 著	216	2940円
3. (3回)	フィードバック制御入門	杉江 俊治 / 藤田 政之 共著	236	3150円
4. (6回)	線形システム制御入門	梶原 宏之 著	200	2625円
5. (4回)	ディジタル制御入門	萩原 朋道 著	232	3150円
7. (7回)	システム制御のための数学（1） ―線形代数編―	太田 快人 著	266	3360円
12. (8回)	システム制御のための安定論	井村 順一 著	250	3360円
13. (5回)	スペースクラフトの制御	木田 隆 著	192	2520円
14. (9回)	プロセス制御システム	大嶋 正裕 著	206	2730円
15.	状態推定の理論	内田 健康 / 山中 一雄 共著	近刊	

以下続刊

6. システム制御工学演習	池田 雅夫編 / 足立・梶原 / 杉江・藤田 共著	8. システム制御のための数学（2） ―関数解析編―	太田 快人著	
9. 多変数システム制御	池田・藤崎共著	10. ロバスト制御系設計	杉江 俊治著	
11. $H\infty/\mu$制御系設計	原・藤田共著	サンプル値制御	早川 義一著	
むだ時間・分布定数系の制御	阿部・児島共著	信号処理		
行列不等式アプローチによる制御系設計	小原 敦美著	適応制御	宮里 義彦著	
非線形制御理論	三平 満司著	ロボット制御	横小路泰義著	
線形システム解析	汐月 哲夫著			

定価は本体価格+税5%です。
定価は変更されることがありますのでご了承下さい。

図書目録進呈◆

コンピュータ制御機械システムシリーズ

(各巻A5判，欠番は品切です)

■編集委員長　増淵正美
■編 集 委 員　大川善邦・須田信英・三浦宏文・三巻達夫

配本順			頁	定価
1.（8回）	AI技術によるシステム設計論	赤木新介 著	250	3360円
2.（7回）	システムダイナミクス	須田信英 著	290	3570円
3.（4回）	システムの最適理論と最適化	嘉納秀明 著	314	4410円
4.（6回）	システム制御	増淵正美 著	304	3675円
6.（1回）	サーボアクチュエータとその制御	岡田養二・長坂長彦 共著	230	3045円
7.（5回）	ディジタル回路	大川善邦 著	236	2625円
8.（3回）	制御用計算機におけるリアルタイム技術	三巻達夫・桑原 洋 編著	280	3675円
9.（11回）	システムのモデリングと非線形制御	増淵正美・川田 誠一 共著	304	4200円
10.（9回）	ロボット制御基礎論	吉川恒夫 著	252	3150円
11.（10回）	機械系のコンピュータシミュレーション	植西 晃 編著	268	3465円

定価は本体価格+税5%です。
定価は変更されることがありますのでご了承下さい。

図書目録進呈◆

現代制御シリーズ

(各巻A5判)

■編集委員　中溝高好・原島文雄・古田勝久・吉川恒夫

配本順		著者	頁	定価
1.（1回）	信号解析とシステム同定	中溝　高好 著	248	3150円
2.（2回）	制御系CAD	梶原　宏之 著	228	2835円
3.（3回）	オブザーバ	岩井善太・井上昭・川路茂保 共著	272	3465円
4.（5回）	モーションコントロール	土原手島康彦文雄 共著	242	3360円
5.（4回）	ディジタルコントロール	古田　勝久 著	276	3570円
7.（9回）	アダプティブコントロール	鈴木　隆 著	270	3675円
8.（6回）	ロバスト制御	木村英紀・藤井隆雄・森武宏 共著	210	2730円
9.（7回）	ボンドグラフによるシミュレーション	J.U.トーマ・須田信英 共著	314	4200円
10.（8回）	H^∞制御	木村　英紀 著	270	3570円

以下続刊

6．ロボットマニピュレータ　高瀬　国克 著

計測技術シリーズ

(各巻A5判，欠番は品切です)

■(社)日本計量振興協会編

配本順		頁	定価
1.（2回）	重さの計測	220	2520円
2.（8回）	改訂 騒音と振動の計測	292	3780円
5.（5回）	温度の計測	228	3045円
6.（6回）	長さの計測（上）	172	2310円
7.（7回）	長さの計測（下）	158	1995円

定価は本体価格+税5%です。
定価は変更されることがありますのでご了承下さい。

図書目録進呈◆

機械系 大学講義シリーズ

(各巻A5判)

- ■編集委員長　藤井澄二
- ■編集委員　臼井英治・大路清嗣・大橋秀雄・岡村弘之
  　　　　　　黒崎晏夫・下郷太郎・田島清瀬・得丸英勝

配本順				頁	定価
1.	(21回)	材料力学	西谷弘信著	190	2415円
3.	(3回)	弾性学	阿部・関根共著	174	2415円
4.	(1回)	塑性学	後藤學著	240	3045円
6.	(6回)	機械材料学	須藤一著	198	2625円
9.	(17回)	コンピュータ機械工学	矢川・金山共著	170	2100円
10.	(5回)	機械力学	三輪・坂田共著	210	2415円
11.	(23回)	振動学	下郷・田島共著	204	2625円
12.	(2回)	機構学	安田仁彦著	224	2520円
13.	(18回)	流体力学の基礎（1）	中林・伊藤・鬼頭共著	186	2310円
14.	(19回)	流体力学の基礎（2）	中林・伊藤・鬼頭共著	196	2415円
15.	(16回)	流体機械の基礎	井上・鎌田共著	232	2625円
16.	(8回)	油空圧工学	山口・田中共著	176	2100円
17.	(13回)	工業熱力学（1）	伊藤・山下共著	240	2835円
18.	(20回)	工業熱力学（2）	伊藤猛宏著	302	3465円
19.	(7回)	燃焼工学	大竹・藤原共著	226	2835円
21.	(14回)	蒸気原動機	谷口・工藤共著	228	2835円
23.	(9回)	改訂 内燃機関	廣安・寶諠・大山共著	240	3150円
24.	(11回)	溶融加工学	大・中・荒木共著	268	3150円
25.	(15回)	工作機械工学	伊東・森脇共著	228	2625円
27.	(4回)	機械加工学	中島・鳴瀧共著	242	2940円
28.	(12回)	生産工学	岩田・中沢共著	210	2625円
29.	(10回)	制御工学	須田信英著	268	2940円
31.	(22回)	システム工学	足立・酒井・高橋・飯國共著	224	2835円

以下続刊

5.	材料強度	大路・中井共著	7.	機械設計	北郷薫他著
20.	伝熱工学	黒崎・佐藤共著	22.	原子力エネルギー工学	有冨・斉藤共著
26.	塑性加工学	中川威雄他著	30.	計測工学	土屋喜一他著
32.	ロボット工学	内山勝著			

定価は本体価格+税5%です。
定価は変更されることがありますのでご了承下さい。

図書目録進呈◆

宇宙工学シリーズ

(各巻A5判)

■編集委員長　髙野　忠
■編集委員　狼　嘉彰・木田　隆・柴藤羊二

			頁	定価
1.	宇宙における電波計測と電波航法	髙野・佐藤 柏本・村田 共著	266	3990円
2.	ロケット工学	松尾弘毅監修 柴藤羊二 渡辺篤太郎 共著	254	3675円
3.	人工衛星と宇宙探査機	木田　隆 小松敬治 川口淳一郎 共著	276	3990円
4.	宇宙通信および衛星放送	髙野・小川・坂庭 小林・外山・有本 共著	286	4200円
5.	宇宙環境利用の基礎と応用	東　久雄編著	242	3465円
6.	気球工学 ―成層圏および惑星大気に浮かぶ科学気球の技術―	矢島・井筒 今村・阿部 共著	222	3150円
7.	宇宙ステーションと支援技術	狼・堀川 冨田・白木 共著	近刊	

以下続刊

宇宙からのリモートセンシング　高木幹雄監修　増子・川田共著

定価は本体価格＋税5％です。
定価は変更されることがありますのでご了承下さい。

図書目録進呈◆